家装精品案例与装修手册

孙培都　主编

中国建筑工业出版社

图书在版编目（CIP）数据

家装精品案例与装修手册 / 孙培都主编 . —北京：中国建筑工业出版社，2021.1（2025.2 重印）

ISBN 978–7–112–25837–6

Ⅰ.①家…　Ⅱ.①孙…　Ⅲ.①住宅—室内装饰设计—手册　Ⅳ.① TU241-62

中国版本图书馆 CIP 数据核字（2021）第 024832 号

责任编辑：杨　杰　李春敏
责任校对：党　蕾

家装精品案例与装修手册

孙培都　主编

＊

中国建筑工业出版社出版、发行（北京海淀三里河路 9 号）
各地新华书店、建筑书店经销
北京点击世代文化传媒有限公司制版
北京中科印刷有限公司印刷

＊

开本：787 毫米 ×960 毫米　1/16　印张：12½　字数：247 千字
2021 年 2 月第一版　2025 年 2 月第二次印刷
定价：69.00 元
ISBN 978-7-112-25837-6
　　（36726）

编审委员会

主　　　任：王国彬
副　主　任：谢树英　聂金津
委　　　员：陈　星　梁宗权　陈进宗　张　亮　吴　为　李　琪

编写委员会

主　　　编：孙培都
参编委员：(排名不分先后)

汪增明　李善军　胡泽武　任登峰　姚　彬　刘增美　胡志祥
丁京龙　江　勇　汪　燊　徐　伟　陆海柳　吴俊龙　凡东志
叶道奇　周恩军　徐业龙　燕　虎　梁彬彬

工作组：

闻晓伍　舒杨俊　冀延娥　汤焕芹　蒋午琴　薛海燕　曾劳兴　王　馨
梁多多　姜滇苏　胡　庆

主编单位：

深圳市彬讯科技有限公司（土巴兔）

副主编单位：(排名不分先后)

北京佳时特装饰工程有限公司
深圳市圳星装饰设计工程有限公司
北京三好同创装饰设计有限公司
贵州快乐佳园装饰工程有限公司
北京紫钰装饰设计有限公司
南京美全装饰工程有限公司
贵阳美之源装饰工程有限公司

参编单位:（排名不分先后）

北京巧创空间装饰设计有限公司
四川惠天下装饰工程有限公司
融发家装饰工程管理（北京）有限公司

参加单位:（排名不分先后）

北京泰峰伟业装饰设计有限公司
广东聚隆装饰工程有限公司
南京沪青装饰工程有限公司
上海盛欢建筑装潢有限公司
大连缘聚装饰装修工程有限公司
苏州雅私阁装饰工程有限公司
南京冠全装饰工程有限公司
石家庄三林装饰工程有限公司
南京富格之家装饰工程有限公司

前　言

　　《家装精品案例与装修手册》是深圳市彬讯科技有限公司积极落实国家建筑装饰行业主管部门发布"2020年高质量发展"工作纲要，大力展开科技项目的实际举措，为满足我国家装行业的发展需求，帮助装饰企业提高设计施工水平和市场竞争力，组织业内资深家装专业技术人员，编写的工具书，同时也为家装行业提供了系统、全面的精品案例和装修手册。

　　本书历经一年的悉心编纂，汇集了近年来全国多家装饰施工企业的宝贵资料案例，图文并茂、言简意赅，所收集的家装设计案例体现出功能、风格、舒适、绿色、环保的行业发展趋势，以及各个装饰装修环节的要点与细节。图书的第1章是装修手册，从施工前准备期、施工前咨询期、施工前签单期三部分必备装修专业知识，对普通消费者面临装修的各种困惑，作了全面专业的答疑解惑。第2章大宅设计案例、第3章家装个性化案例，包括各种设计风格：田园风格、新中式风格、欧式风格、简美风格、地中海风格、北欧风格、法式轻奢，它代表了国内家装设计风格的走向。第4章家装旧房改造案例是存量房装修的项目。第5章家装套餐子项目施工解析、第6章建筑装饰部分标准摘要、第7章实测实量技术、第8章家装工地现场管理手册（系列表单），极大地丰富了现有家装知识，具有很强的指导性和实用性。

　　图书的后几章节从家装工程常用套餐产品、施工交付各个管理环节用的表格模板，到对家装量房、检查、安装、验收的全过程进行了详尽的描述与点对点式的表格解读，并附有专业与权威的家装重点技术参考标准，实为一本难得的家装设计案例与装修实施手册。

　　本书在编辑过程中，认真总结、系统梳理了近些年的创优经验，从整体设计规划到图纸展示，从套餐施工要点到内容施工工法，从装修量房到施工全程竣工用表。本书源于家装设计实际案例，从上千张装饰装修工程实景照片、效果图中挑选出优秀代表，具有时代的先进性、创新性。它是《住宅装饰装修一本通》《住宅设计与施工指南》的姊妹篇，是土巴兔编辑的第三本建筑装饰专业系列丛书，本书共有8章。

　　鉴于当前装饰行业设计水平和施工技术的不断提高，以及主编作者水平的限制，本书所含内容还不够全面，虽然经过多次修改，但仍不能避免疏漏。希望住宅装饰装修行业的专家、企业管理者、家装设计精英、监理工程师、广大读者提出宝贵意见和建议，以便我们在今后的工作中不断提高和完善。

本书在编写过程中，受到许多装饰装修行业同行、参编委员们的积极支持，大家付出了辛勤的劳动。在此，对各位参编人员以及编辑、出版社工作人员的大力帮助，表示衷心的感谢。

本书适用于家庭居室装修从业人员以及建筑工业学校、职业技术类院校、建筑学院的同学们学习、参考使用。同时，非常适合广大准备进行家庭装修的消费者阅读和借鉴。

2020 年 10 月

目　录

第1章 住宅装修手册

1.1 施工前准备期

1.1.1 装修前需要做哪些准备工作

家庭居室装修是一项极其复杂烦琐的工程,往往让新装修的业主们一头雾水,不知从何开始。如果没有科学、有序的安排,往往会浪费大量的时间和金钱,而得到的是充满"痛苦"的装修经历与问题较多的装修工程质量。所以,开始装修前,要制订出合理的装修计划与流程安排,这样可以在很大程度上减轻装修带来的不必要麻烦。

1. 装修知识准备

要制订出科学的装修计划,需要有足够的知识储备,这就涉及对装修知识的学习和了解,包括设计、建材、施工、验收等方面。

首先,需要了解清楚装修后的生活需求,明确装修所要达到的目标,比如入住人数,家人的生活习惯、喜好,是否有老人家、小朋友,这次装修需要维持的大概年限等。这些都可以请设计师尽量通过合理的规划来实现。

其次,通过多种途径了解装修各个环节的知识,包括各类家装网站、平台、论坛等,除了科普类的知识文章,还可以多看看业主装修日记和投诉帖以及装修问答之类的信息,这些都是很好的学习资料。

然后,走访建材家具城。现在网上有大量的装修示意图例可供参考,大家在了解了大致的装修设计风格之后,可以多去建材城看实物,了解主材、家具的品牌、型号、价格范围等。不必每家都去,选几家大型的建材家居城就可以,有助于确定装修风格及主材家具的选择范围。

另外,还需要了解各大平台网站、论坛的信息,将具体产品的促销价格与市场普通价格进行比较,可以了解到大致的价格水平,充分利用互联网工具来降低采购成本。

2. 装修前需要定下的产品与服务

有了相应的知识储备之后，就可以作决策了。在装修开始前就需要选好的产品及服务包括：

选定装修公司和设计师、定主材和家具。

目前，城市大多数装修业主，是通过专业互联网装修网站，由专业网站核实相关信息后，推荐符合客户需求的装修公司（地址较近、公司设计水平和报价客户认同等），开始咨询、量房，进入设计阶段。

参与选定装修公司。

通过在互联网装修平台查看对外公布的平台上装修公司的口碑记录及网络投诉、推荐帖，在几家备选公司中，通过比较、洽谈，选择符合自己需求的装修公司。

在确定设计方案时，应与设计师多交流，充分沟通，将自己的居住需求全部说清楚，定下装修风格，选好大件家具，出设计方案。然后，根据设计方案定好大部分主材（最好能确定具体产品的品牌和型号），业主需要对房子的各项尺寸做到心中有数。这个阶段因人而异，预算有限或者有设计能力的业主可选择参与到设计中。

选择家装全程监理（适合平时没时间、对装修工程不太懂的普通业主）。

选择第三方监理，同样要看口碑，还要注意大型互联网平台家装监理，专业的家装监理能帮业主省不少心。

3. 装修流程安排需要遵循的关键原则

（1）环环相扣原则

装修的工序之间是紧密连接的，且不能随意调整施工顺序，很多工序只有在前面的工序完成或者具备施工条件以后才可以开始。比如，在水电施工前要完成橱柜的功能设计并确定水电位置，如果临时才发现施工条件不具备，会大大拖延工期。因此，在安排装修计划时，不但要考虑到装修工序的先后顺序，还要考虑到每道工序所需的施工条件，合理安排到流程中。

（2）成品保护原则

装修中，有些工序的施工过程会产生较多的边角余料，因此在安排装修计划时要考虑到后续工序对已完成部分的影响。比如，铺地板时需要用电锯锯地板，会产生大量的扬尘，如果先铺贴了壁纸，则很可能弄脏或碰坏壁纸造成返工。再比如，经常出现的"先装门还是先装地板"问题，就是工序衔接与成品保护的经典案例。因此，将破坏性施工安排在前，清洁的施工项目安排在后，才是科学、有序的施工组织设计。

4. 确定目标原则

在装修前，需要尽量确认自己的想法与目标，然后付诸实施。切忌在装修过程中进行各种更改，一旦造成返工，不但拖延工期、降低工程质量、增加成本、造成浪费，最后出来的效果也不一定尽如人意。所以，在装修开始前就确定好装修目标是明智的做法。

以上这些准备工作，时间充裕的话建议至少装修前 3 个月就开始做，前期做的准备越多，后期要面对的麻烦就越少，而且有足够的时间进行选购，能买到更多价格实惠的产品。

装修准备概要是知识准备、选择适合自己的装饰公司、选择好设计师、选择主辅材（套餐产品）、关注质量验收（可选第三方质检服务）、关注产品安装。

1.1.2 新房交房、验收有哪些注意事项以及应该做的装修准备

1. 房产的交房常规手续（因地区不同，实际手续也会有部分差异）

（1）《收房通知》。房地产开发商的书面邀请。

（2）出示建设工程质量检验合格单和新建商品房房地产权证。

（3）提供《住宅质量保证书》。《住宅质量保证书》是住宅承担质量责任的法律文件，与合同具有同等效力。有核验的质量等级，使用寿命年限内承担保修，保修内容与保修期。

（4）《住宅使用说明书》。对建筑结构、部位性能、标准等作出说明和注意事项。

（5）签署房屋交接书。

2. 验房工具

（1）专业验收工具有：红外线水平仪、垂直水平尺、检测小锤、直角尺、靠尺、塞尺、镜子、线轴、万用表等。

（2）自己验房工具：水盆、计算器、笔、纸、盒尺、锤子、虎钳、改锥。

3. 验房注意事项

在验房中做好《住户验房交接表》原始记录（业主自己验房常规项目）。

（1）入户门：检查四周有无裂纹，开启入户门要求自如顺畅、不紧、关闭时没有大的响声。

（2）顶面、墙面：检查是否有开裂、明显的凹凸不平。顶面靠近楼上阳台处附近，是否有水迹、奶黄色污渍。

（3）窗户：仔细观看玻璃有无裂纹，损坏。把手开启顺畅，部件没有松动现象。窗台附近观察有无漏水的痕迹。

（4）卫生间、厨房墙面：卫生间、厨房墙面基层外观质量，检查墙面拉毛处理是否牢固、均匀，小锤轻敲墙面是否有空鼓现象。

（5）烟道、通风道：检查厨房、卫生间的烟道、通风道是否畅通，成品保护的护口是否完整。

（6）仪表设施：相关的仪表、电表、水表、燃气表的读数是否在原始状态，

外观是否有磕碰划伤或撬开的痕迹。

（7）给水排水：检查厨房卫生间给水、排水管路位置是否合理、是否有裂缝、是否存在滴水。开关是否正常。水路使用材料是否符合标准，冷热水应区分。盛水下灌是否畅通，地漏处是否成品保护完好。

（8）卧室、客厅墙面：卧室、客厅墙面一般是"四白落地"，检查墙面腻子是否为耐水腻子。

（9）电路：电路相位是否正确，用试电笔检查插座，是否有电。检查配电箱开关，面板位置是否合理。所有的照明开关都要试一下，是否正常。

（10）阳台检查：观察排雨水地漏是否有开裂现象，空调室外机支架或存储台是否正常使用。

（11）记录好各水表、电表、气表的数字，作为日后交费的起交点。重要提示：记录表格自己留存一份。

（12）发现问题及时与开发商的工程部、物业部说明情况。建议以书面形式双方留底，便于早日联系解决。

1.1.3　住宅装修简单、具体流程

装修涉及的工期长、工序复杂、成本高昂，更关系到日后入住的舒适度，因此需要提前了解相关知识、做好规划。

首先，需要详细了解装修流程，才能对要做的准备工作心中有数，做到材料与工序配套，不耽误工期。其中，二手房需要先将原来的装修层拆除，比新房装修多了一道拆除的工序，其他的流程基本上相同。

1. 前期设计测量阶段

设计阶段，除了积极与设计师沟通，业主应该自己动手对房间进行一次全面测量，并记录下来，这样才能对装修中涉及的面积心中有数，如贴砖面积、墙面漆面积、壁纸面积、地板面积以及需要设计摆放家具的墙面尺寸等。

2. 施工阶段

（1）开工手续。开工前去物业办理装修许可等手续，交纳押金，办理出入证。

（2）拆除拆改。主要包括拆墙、铲墙皮、拆暖气设备、换塑钢窗等。主体拆改完成后应尽早约木门厂家上门就门洞尺寸进行测量，木门的制作周期一般为一个月以上。

（3）橱柜第一次测量。联系橱柜设计师上门初测，主要是检查油烟机插座是否影响油烟机安装、水表位置是否合适、进水口位置是否便于安装水槽等，出厨房改造水电图。

（4）水电改造。水电改造工期5~7天（视工程量而定），施工完成时水路需要打压测试，电路需要通电验收。保存好水电施工图纸，以便后期维修。紧接着

做好卫生间的防水。老房子厨房做防水视情况而定，当老楼地面有预制板接缝裂缝时，需要做防水。

（5）主料进场。除了主体拆改需要用到的材料外，其他如瓷砖、板材等主料都应该在水电改造完成后进场，否则堆放在现场会影响施工。

（6）基础装修工序。木工、泥工、油工这几个环节一般按照"谁脏谁先上"的原则进行。木工环节包括做装饰吊顶、电视墙、包门窗套、做固定木家具等，工期 7～20 天（浮动较大，视工程量而定）。

（7）泥工（瓦工），瓷砖、石材厂家送货，瓦工进场。瓦工环节包括砌筑、抹灰、包立管、贴砖等，工期 7～30 天（时间波动较大，视工程量而定），如果要安装地板的话，这个时候最好让厂家上门勘测一下地面，看是否需要找平或局部找平，水泥砂浆找平是瓦工的工作。这个环节还包括了过门石、大理石窗台、地漏、油烟机的安装，地漏等材料需要提前买好，厨房墙地砖铺好就可以考虑安装油烟机了。

（8）橱柜第二次测量。铺贴瓷砖之后，就可以约橱柜第二次测量了，这次是精确测量，确定最后款式细节（金属拉篮等位置尺寸），最终图纸方案业主签字，橱柜厂家安排生产。

（9）油工阶段。这个环节主要是墙面基层处理、刷面漆、给木制家具上漆等，准备贴壁纸的墙面在这个阶段只需做基层处理即可。

3. 产品安装阶段

（1）阳台断桥铝门窗安装，需在墙面铲除后。安装完成便于油工做收口处理。

（2）厨卫吊顶。在厨卫吊顶的同时，业主应提前买好防潮吸顶灯、排风扇（浴霸），并在这个环节安装，或者至少留出线头和开孔。

（3）热水器安装。墙面处理完毕即可通知热水器送货、安装，燃气热水器安装在厨房或者封闭式阳台，电热水器安装在卫生间。

（4）橱柜安装。吊顶结束后就可以约橱柜上门安装了，烟机灶具的安装最好能与橱柜安排到同一天，方便两项施工之间的协调。在橱柜安装之前，最好协调物业把燃气开通，这样安装好灶具之后可以进行试气。另外，水槽也可以在这个环节一并安装。

（5）木门安装。需要事先准备好合页、门锁、墙吸等五金，如果家里门洞的高度不一致，需要交代工人处理成等高，这样比较好看。先装木门是为了保证地板的踢脚线能与木门的门套紧密接合。

（6）地板安装。铺装地板的地面要清扫干净并保持干燥。

（7）壁纸铺贴。铺贴壁纸之前，墙面上要尽量保持干净。铺贴当天，可以适当给地板做一下保护。

（8）散热器安装。这个环节只适用于需要更换散热器或拆改散热器的家庭。

（9）开关插座、灯具安装。业主们应该对家里各个自然间的开关插座数量、位置等都有详细的了解或记录，尤其是打算贴壁纸的业主。

（10）五金洁具安装。包括给水排水管件、卫浴挂件、马桶、晾衣杆等。

（11）窗帘杆安装。窗帘杆的安装标志着家装的基本结束。

4. 装修尾期阶段

（1）拓荒保洁。拓荒保洁之前，不要装窗帘，家里不要有家具及不必需的家电，要保持尽量多的空旷平面，以便彻底清扫。

（2）家具进场。关于家具，装修开始前要有所规划，多逛逛市场，寻找心仪的款式。在设计阶段，听取设计师对于家具款式、风格、颜色的专业建议，再进行调整，对确定的家具拍照，记录尺寸数据，为施工中各项尺寸的调整提供参考。

（3）家电进场。家电最好当场试用，有问题可以尽早发现。

（4）家居配饰。窗帘最好在订家具之后再买，保持风格一致。至于各种配饰与摆设，可以根据自己的喜好和整体家居风格，后期慢慢搭配。

1.1.4　旧房装修设计——3V 家装设计理念

1. 切入设计

在旧房改造中广泛接触了各种文化层次、各种生活经历、各种经济条件、各种各样装修需求的业主，真实地反映出装修市场的多样性。设计脉络应依据客户的特点紧抓以下几条。

（1）根据实际房屋平面确定初步原始缺陷元素；

（2）勘察的目的是实地确定需要改动、改造的不合理、生活不便的部位；

（3）确定居住业主的个性生活需求；

（4）确定主人社会定位，相适应的社会生活需求；

（5）确定主人的家居使用功能，精神需求。

2. 引入新设计谈单设计方式

（1）以客户内在使用不便为导向，通过探索需求，形成标准沟通模式以及初步方案，让设计人员可更加准确地了解掌握客户心理，从而提升签单率和满意度。

（2）原来的设计人员习惯是通过风格来引导客户的装修意向和交易动机，而老房旧改 3V 设计是从克服短板不足出发，从而达成装修服务约定。

3. 3V（三个维度简称 3V）设计理念

（1）以解决房屋缺陷为核心；

（2）以实现符合业主生活使用功能为根本；

（3）以满足主人的精神需求为原则。

4. 旧房 3V 设计要素

（1）居住需求——居住环境——审美情趣——功能基本完备；

（2）未来 5 年可能达到的社会地位确定整体家居的风格样式。

5. 设计原则

（1）处理隐患、寻找缺陷；

（2）拆分设计要素；

（3）关注特殊居住群体：老人、孩子、残障人士；

（4）美化细节；

（5）以人居居住关系确定室内风格样式，杜绝以风格样式去决定装饰方案。

1.1.5　怎么做装修计划和装修预算

住宅装修复杂麻烦、隐患多、质量参差不齐、时间跨度大，作为普通消费者，如何做好装修计划和预算呢？需要了解相关常识，才能减少损失和烦恼。

1. 时间计划

准备筹划期：3 ~ 5 个月。

装修知识储备。进行装修咨询，了解装修流程、装修合同、简单的质量标准知识、陷阱预防知识等。

装修市场调查。进行装修市场调查时需要了解的内容和知识包括：

（1）基础辅材。水电料、乳胶漆、墙面腻子等，选择性了解重点知识。

（2）室内主材。瓷砖、地板、橱柜、洁具、吊顶、室内门、淋浴房、灯具等。

（3）家具。餐桌、沙发、床具、衣柜、儿童家具等，选择性了解重点知识。

（4）软装与陈设。窗帘、布艺、挂画等，必须了解。

资金准备。普通住宅 12 万 ~ 22 万元（不包含出租房装修）。

选择预案。选择符合自己要求的设计、装修公司的基本标准。

确定装修时间。优惠活动的锁定、业主工作时间与装修工期安排。

装修记录手册。准备装修记录手册：初步计划安排、商家资料、产品价格、完成日期等，让装修事宜安排心中有数。

2. 装修费用预算

家庭装修工程单方造价指的是单位建筑面积准备花多少钱。例如，部分省市投入的政策性保障住房每平方米造价为 750 ~ 950 元，达到拎包入住基本条件。所以装修不是越便宜越好，要提倡物有所值。目前，国内大中城市的装修预算分三个层次，由于南北方地区差异、收入水平、对装修品质的要求不同，价格上会有些微调。以下为各层次的平均造价，供广大业主参考。

（1）普通装修：单方造价 980 ~ 1200 元。

这个造价里包含家装公司的菜单式装修 799 ~ 999 元 /m² + 灯具 + 布艺类产品，不包含水电改造项目。需要注意的是，当前众多家装公司提供的预算菜单里，定制品在数量、长度等方面都有隐形限制。比如：橱柜不能超过 2.6 延米，超出部分算增项，灯具安装算增项等。

（2）风格化装修：单方造价 1200～1700 元

这是有明显的室内设计装饰风格特点和空间艺术造型的家装的价格水平，需要请设计师画出完整设计图纸、施工图纸，做好设计方案，并与工长一起做好报价预算书。设计费按照建筑面积收费，一般每户设计费在 3000 元以上。

（3）经典装修：单方造价 1700～2600 元

适用于经济条件好的人群、成功人士，在设计、主材设计搭配、水电暖通设计、家居风格选择上有品质、细节要求。

3. 费用预算比例举例

一个普通两居室，建筑面积 60～85m²。房屋结构是砖混结构（无电梯）和水泥剪力墙结构塔楼等，无特殊 loft 结构住宅。

（1）基础装修费用：3.5 万～4.5 万元。含辅材板材、乳胶漆、墙面材料，老房拆改费用 + 水电改造费用另计 0.8 万～2.5 万元（包含建筑垃圾外运、水电料和施工费）。

（2）自购主材费用：6 万～9 万元，含地板、瓷砖、橱柜、室内门、洁具、灯具、厨卫吊顶等，塑钢窗、暖气、防盗门需另计。

（3）家具家电软装费用：2.5 万～5 万元。含家具、家电、软装、后期陈设。

按国内主要城市消费水平估算二居室总装修费用如下。

简装：工程预算 10 万元以下。

普通装修：基础工程费用 3 万～4 万元 + 水电 1 万～2 万元 + 主材费用 6.5 万～8 万元 + 家具及家电 2.5 万～4 万元 = 13 万～18 万元（按各项费用在一定的范围做的估算）。

风格化装修：工程预算 13 万～18 万元。

经典装修：工程预算 18 万～25 万元。

另外，三居室按相同比例计算，费用增加 20% 左右。

（4）小结，费用预算会受到许多因素的影响，建议广大业主秉持多谈价值、少谈价格的理念，在选购主材时不盲从、不受宣传诱惑、量力而行，根据自己的经济能力选择装修档次（普通装修、风格化装修、经典装修）。另外，还需要注意考虑房屋色彩，儿童房、书房的功能定位以及房屋特殊要求等。

1.1.6 什么季节家庭装修好

住宅室内装饰装修工程，就全国范围来讲，是一项比较成熟的施工技术。凡是正规的装修公司应该都不会因为季节变换，就产生质量问题。只要按自然季节的特性做好施工预防措施，就能够保质保量地完成合同施工任务。

同时，利用好季节的气候属性，还可以发挥对家装好的季节优势。例如，选择夏季装修就有如下的几点好处。

（1）普通人比较容易通过感官辨别装修主辅材的品质。

夏季温度高，材料各种气味的散发会更加明显、突出，我们可以通过"闻气味"的方式，来辨别家装材料用的胶粘剂和涂料的好坏。

（2）有效缩短工期，提高劳动生产率。

夏季白天长，装修工人的工作时间也相对延长，对加快工程进度、缩短工期也很有帮助。在早晚外出交通上也方便了许多。

（3）有利于瓷砖铺贴，提高施工质量。

夏季的卫生间（图1-1）瓷砖（图1-2）要比其他季节的瓷砖进行更多的预处理，保证瓷砖充分的浸泡，吃饱水，这样瓷砖才能服帖地粘在地面和墙上，不会在使用中轻易脱落。

图1-1 卫生间地面

图1-2 瓷砖铺贴

（4）涂刷木质漆外观效果更好，手感丰满。刷乳胶漆便利。

夏季温度高，更容易促使漆膜成型，油漆会干得比较快，工人也能及时打磨。油漆的光泽度会比其他季节光亮，质感也更佳，刷出的漆面效果会更好。

（5）塑料管柔韧性好，减少运输裁切中的磕碰伤。

夏季PPR管和电线管变得有柔韧性，不容易断。冬季PPR管在低于5℃的时候易脆，损坏的话会影响施工进行，同时也可能会加大损耗。夏季装修就完全避免了磕碰伤这个问题。

（6）厅房墙面减少了开裂隐患。

一般夏季空气潮湿，墙面刷漆前刮的腻子（图1-3）可以慢慢干透，而不会因为"表干"造成刷漆后涂料脱落，影响墙面的使用效果，从根本上避免了常见的墙面粉化、起泡和开裂（图1-4）等问题。

图 1-3　刮腻子

图 1-4　墙面开裂

因为夏天气候变化大，装修不得不面临高温潮湿天气，装修公司一般会提醒装修工人，施工操作需要更严格精细些。

家庭装修墙面有隐患却不能及时发现是一件很麻烦的事。夏天装修的优势就是，从潮湿到干燥这个过程较快，装修墙面腻子出现问题的地方，会及时反映出来，有利于发现装修隐患并尽快修补。

（7）夏天节日多，优惠力度大。

夏天的节日较多，通常装修公司会搞很多促销活动，各大材料的经销商也会通过打折的方式来促销。在这个时候进行装修，会省不少钱。另一方面，设计师工作量不像春秋季时那么大，他们有充足的时间和业主充分沟通，将方案做得更好，同时也有时间到施工现场，查看指导施工项目，保证装修质量。

（8）通风换气排出游离污染物简便易行。

夏末装修好，秋天里有充足的时间选购家具、家电、软装饰品，通风换气后入住新家，减少家装污染的困扰。

总之，对正规的品牌公司而言，装修技术已完全成体系，因此，季节的不同对家装施工质量的影响比较小。其他季节装修时的优缺点就不再赘述。

1.2　施工前咨询期

1.2.1　为什么装修要找设计师

家庭装修都应该找设计师。

（1）自己依据居室平面实际尺寸画一张草图，标出主要空间隔断的尺寸、家具摆放的位置，找设计师一起进行讨论，重点是房屋布局的实用性、空间尺寸的合理性。用设计师的实践经验加想法，作一些调整和简单的补充。是否找设计师出设计方案看个人的经济情况再定。

找付费的设计师进行设计，测量房屋结构尺寸，做出整体设计有创意的设计图纸。完成以下三个找设计师的目的：

1）说明需要装修项目的改造目的；

2）自己家庭个性化的需求；

3）居室某区域原结构功能不合理。

请设计师出设计创意图纸方案。

（2）怎么找能为自己服务好的设计师，要遵循以下原则：

1）设计费多少要提前确定，符合自己的预算支出；

2）网上展示再多的设计师资料、图片，仅代表比较少的真实水平，不要太迷信，要与设计师面谈，体验其水平、设计创意、知识深度；

3）询问设计步骤、服务内容、工地指导、主材挑选的见解等，考察出设计师真实的能力和水平。

（3）专业设计依据不同城市设计场行情，会提供不同设计标准的收费设计师供选择。家装每套设计方案 3000 ~ 8000 元不等。其中，北京、上海、杭州设计费用还要高些。高端设计师有按 100 ~ 200 元 $/m^2$ 进行收费的，别墅装修设计费在每平方米几百元，视地区经济发达水平而定。

（4）找收费设计师应完成的制图工作：

原始测量图、墙体拆改图、新建墙体尺寸图、平面布置图、地面铺装图、天花布置图、灯具布置图、灯位开关示意图、强电布置图、水路布置图、客厅效果图、其他空间效果图。常规是 12 张左右。以上图纸根据设计复杂程度，数量可以进行增减。

（5）设计师出的效果图。

目前，市场上出现 VR 360° 效果旋转图，它是一种视觉效果展示，满足客户在装修前对室内布置的一个框架了解。优点是费用不高。不足是没有设计尺寸和艺术渲染表现力。能指导装修的还是 3Dmax 效果图，视觉角度、真实性、清晰度均与实际有百分之八九十以上的相似度。因此，家装效果图的取舍，请业主根据自身经济情况进行选择。

（6）家装设计常识。

小户型设计：要充分考虑室内空间的利用率，厨房、卫生间重点在设施功能的完备性。由于居室使用面积有限，不要盲目强调所谓的设计风格。

大户型设计：要体现业主生活品质和个性化，在家居整体设计上，居室面积较大，完全可以展现出艺术设计风格。目前，家装流行趋势以简欧（图 1 5、图 1-6）、新中式、美式风格（图 1-7、图 1-8）、简约风格为主。

图 1-5 客厅简欧风格

图 1-6 客厅简欧风格

图 1-7 客厅美式风格

图 1-8　卧室美式风格

（7）家装设计的辩证关系。

设计是加法，在设计师一笔一画中使生活更具品质和功能性。

设计是减法，化繁为简，简约而不失调性，让生活更具质感。好的设计师是艺术工匠，为我们策划出舒适、实用、温馨、暖心的幸福家园。

1.2.2　2021 ~ 2023 年住宅装修风格趋势介绍

随着装修的日趋精致化与个性化，选择什么样的装修风格成了越来越常见的问题，目前比较流行的装修风格主要有以下几种。

（1）简欧风格：源自欧洲国家的室内设计风格，以"古朴 + 时尚、简洁 + 精湛"著称。核心是去繁就简，留下简单的线条和几何图案，以冷色调为主。在细部处理上，采用了视觉穿透性极强的玻璃与延展性极强的曲线造型，将不同特性材料所产生的美感与空间形象同时构建，居室的特性便展露无遗。崇尚自然，尊重传统工艺技术，重视实用性。整体采用浅色基调，经常用到黑白色；常用枫木、橡木、云杉、松木和白桦等原木制作家具，造型简洁，用少量的金属及玻璃材质点缀，不使用雕花纹饰；软装中使用鲜艳的纯色作为点缀，包括抱枕、地毯等。简欧风格更接近于现代风格。

适合人群：崇尚明快白色、自然色调家居环境的白领人群。

（2）美式风格：美国西部的家居轻奢方式演变而来，注重回归自然，充满朴实的乡村风味。摒弃了烦琐和奢华，并将不同风格中的优秀元素汇集融合，以舒适机能为导向，强调"回归自然"，使这种风格变得更加轻松、舒适。美式乡村风格突出了生活的舒适和自由，不论是感觉笨重的家具，还是带有岁月沧桑的配饰，都在告诉人们这一点。色彩搭配上以自然色调为主，土褐色最为常见，墙面色彩注重自然、怀旧；壁纸多为纯纸浆质地；家具多为仿旧漆，式样厚重；布艺以本色的棉麻为主；在墙面色彩选择上，自然、怀旧、散发着浓郁泥土芬芳的色彩是美式乡村风格的典型特征。设计中还包括拱形门窗。整体简洁明快、温暖舒适，又不失典雅。

适合人群：知识分子、城市白领人群等。

（3）简约风格：将设计的元素简化，空间布局接近现代风格，而在具体的界面形式、配线方法上则接近新古典；空间整体色彩应注重和谐性。它具有注重品位、强调舒适、融古通今的特点。强调简洁实用，但对材料和色彩的质感要求很高，大量使用钢化玻璃、不锈钢等新型材料和深蓝、纯黄等高纯度色彩，时代感尤为突出。家具线条简约流畅，强调空间的通透性，再加上到位的软装，迎合了人们经济实用、美观舒适的双重预期，简约而不简单。

适合人群：工作繁忙，但对生活品质有要求，追求时尚的工薪阶层。

（4）地中海风格：带有异域风情的地中海风格很受女性业主青睐，地中海沿岸强烈的风土人情形成了独特的家居风格。标志性的拱门与半拱门、马蹄状的门窗；纯净明快的色彩搭配：蓝与白（蔚蓝的海岸与白色沙滩），黄、蓝紫和绿（向日葵与薰衣草花田相映），土黄和红褐（北非特有的沙漠与岩石的色彩），色彩饱和度高，本色绚烂；线条简单、修边浑圆的低彩度木质家具及独特的锻打铁艺家具；装饰多采用陶瓷锦砖、贝类、玻璃片、石子等进行镶嵌组合；布艺以低彩度的棉织品为主。整体纯美自然，浪漫率性。

适合人群：热爱旅游、追求浪漫的白领。

（5）新中式风格：中式风格是对唐、明清时期家居文化的继承与临摹，空间上讲究层次，多用隔窗、屏风进行分割；家居陈设讲究对称，以明清家具为主的传统家具，配饰包括字画、盆景、古玩、博古架等；装饰色彩以黑、红为主，庄重典雅。新中式风格是将中国传统家居元素融入现代居住理念中，局部采用中式风格处理，大体设计较为简洁，多采用简洁、硬朗的直线条，造型简朴优美，在家具布置上更加灵活随意，装饰选材较为广泛，比中式风格更具现代感，清爽时尚。

适合人群：喜欢古典文化的中青年人。

（6）新古典风格：经过改良的古典主义风格，追求结构的单纯、均衡及比例的匀称，高雅而和谐。家具做工讲究，装饰文雅，曲线减少，平直表面多，用简化的手法、现代的材料和加工技术去追求传统式样的大致轮廓特点；以雕刻、镀金、嵌木、镶嵌陶瓷及金属等装饰方法为主，题材包括扇形、叶形、玫瑰花、人面狮身像等；主色调为金色、象牙白、暗红等古典常用色。既包含了古典风格的文化底蕴，也体现了现代流行的时尚元素，是复古与潮流的融合。

适合人群：知识分子、白领阶层、海归人员等。

（7）田园风格：倡导回归自然，注重生活品质，力求表现悠闲、舒适、自然的田园生活情趣，主要分为英式和法式两种田园风格。

英式田园：华美的布艺，花色多以纷繁的花卉为主，碎花、条纹、苏格兰格花样等乡土味道十足；家具多使用松木、椿木，制作及雕刻全是纯手工的，以奶白、象牙白等白色为主，造型优雅。

法式田园：家具的洗白处理呈现出古典质感，红、黄、蓝三色的鲜艳配搭反映出丰沃的大地景象，而椅脚被简化的卷曲弧线及精美的纹饰也是法式优雅乡村生活的体现。

适合人群：新婚夫妇的家庭、白领人群。

（8）欧式古典风格：主要是指西洋古典风格，装饰华丽、色彩浓烈、造型精美，装饰效果力求雍容华贵。主要元素包括水晶吊灯、罗马柱、壁炉、罗马帘、油画、雕塑、欧式壁纸、大理石等；在色彩配置上以黄色、暗红等偏深色调为主，糅合少量白色、金色、银色，整体明亮大方；家具材质一般以柚木、橡木、胡桃木、黑檀木、天鹅绒、锦缎和皮革等为主，宽大精美，古典优雅。这类装修在面积、空间较大的居室内会达到更好的效果。

适合人群：110m^2 以上居室或者别墅业主。

（9）日韩系风格：又称和风、和式风格，以清新自然、蕴含禅意著称。大量运用木、竹、藤、麻等天然材料，保留材质的自然肌理与原色；空间意识极强，形成"小、精、巧"的模式，擅长使用移门进行空间分隔，造型简洁；色彩偏重白色、米色和原木色，多使用米色系布艺；家具注重实用性，装饰和点缀较少，造型简洁。经典元素：榻榻米、推拉门、日韩式茶桌、镀金或铜的用具、壁龛、原木色家具等。

适合人群：欣赏了解日韩家居文化、追求禅意的人群。

（10）东南亚风格：来源于东南亚地区、带有异域风情的家居风格，崇尚自然、原汁原味。室内材料以木材、藤、竹为主，家具多保持材质的原色调，以褐色等深色系为主，多采用纯手工编织或打磨的工艺，设计简洁；布艺装饰色彩艳丽，有标志性的炫色系列；室内饰品多以天然藤竹柚木手工制作而成。常见元素：泰式抱枕、砂岩、木梁、纱幔等。

适合人群：喜欢安逸生活、对民族风情感兴趣的人群。

1.2.3　先定家具还是先定装修风格

这是一个对装修有想法的业主很愿意讨论的话题。

按照行内装饰专业领域的看法和观点，应先定整体家居风格。其中包含：家具风格、装修风格、软装风格、配饰风格等。它们都是体现家居风格的重要组成部分，只是重要性的占比不同，有大有小。但都要符合家居风格。例如：在东方中式家居氛围内，放一幅西洋抽象派油画，会显得不伦不类。

因此，在家居氛围总基调的大前提下，家具和装修风格要同时考虑，设计方案相互衬托、相互关联，有机地组成一个整体，不能简单割裂开来。在定家具时，要考虑装修设计平面布置；在做家装设计时，也同样需要考虑家具摆放位置是否合适、大小尺寸与空间比例是否协调。

　　休闲区现代家具与现代装饰风格配套（图1-9），欧式家具与西洋装饰风格配套（图1-10），中式家具与中式装饰风格配套（图1-11）。

图1-9　休闲区的现代家具与现代装饰风格配套

图1-10　休闲区欧式家具与西洋装饰风格配套

　　最后，具体如何做，介绍一些实用方法。在作装修市场走访时，确定的家具拍照、量主要尺寸、记录。家里准备放家具件数，分卧室家具、客厅家具、书房家具、儿童房家具提供给设计师，在做装修设计中考虑进去。同时，听取设计师对选取家具款式、风格、颜色给出的专业建议，一起再作最后调整，确定最终结果方案。

图 1-11　休闲区中式家具与中式装饰风格配套

1.2.4　建材应该去哪里买

建材购买渠道一般分为建材城、大卖场、专卖店这几类，当然目前也有很大一部分消费者，是通过家装公司建材展厅购买的。近年还兴起了网络电商平台渠道。下面来看看这些渠道的利弊：

1. 建材城

包括大型家居广场和低端的小建材城，经营者承租或者自建大型家具展示商场，然后把店面分租给建材商，因此这类又称为摊位制建材城。摊位制建材城的主要收入为商家缴纳的租金和销售提点，并不直接销售产品。

优势：面积大，商品品类全、品牌多，购物环境舒适，其中有些建材城比较注重保障消费者的权益。

缺点：商品售价相对较贵，需要为环境和保障买单。

2. 大卖场

主要是指大型家居建材连锁超市，建材超市是从国外引进的建材销售模式，根据我国国情进行了调整。建材超市多采取摊位制建材城的运行规则，产品、展板、促销、价格全部由建材商决定，先销售后送货。

优势：提供一站式购物体验。

缺点：售价较高。

3. 专卖店

指的是建材商开设的品牌专卖店，一般由总代理开设，如北京十里河就有很多品牌专卖店。

优势：信誉好，服务好，能提供团购最低价。

缺点：品种有限，产品有限，需要一家一家逛，费时费力。

4. 装修公司建材展厅

北京、上海、广州、深圳的一些品牌装修公司开创了家装公司代卖建材的先例，现在很多家装公司都在效仿，有些家装公司的建材展厅比建材商还丰富。

优势：有自己的客户群，推销比较有影响力，能帮助客户减少采购麻烦。

缺点：销售有小的限制条件，选择范围稍有局限，售价与市场价持平。

5. 建材电商网购

指的是土巴兔、京东、天猫、淘宝网等互联网电商平台旗下的建材业务等。

优势：产品多，品类全，比价方便，价格便宜。

缺点：产品选购时无法看实物，售后服务联系不方便。

现在还有一种连通业主与建材商的网购工具，业主可以通过 APP 直接找到建材商，进行对比询价，然后再由厂商网销人员引导业主就近到展厅看过实物后再购买，可以大大节省选购时间，售后服务与建材城同步。

6. 结论

大多数建材都可以在建材城和建材超市买到，如果有心仪的品牌则可以去专卖店，想要节省时间的业主可以通过网购工具先行询价，再去附近的建材城选购，比较忙的业主则可以选择通过家装公司打包购买，各取所需。

1.2.5　旧房卫生间设计装修要点

关于卫生间装修，有很多实际操作中总结的注意事项，供装修业主参考。

1. 干湿分区

卫生间水汽重，想要保持干爽，减少细菌的滋生，将盥洗、淋浴、方便等功能分开是比较有效的办法，即干湿分区。

干湿分区的方法有半分离（浴帘、淋浴屏、淋浴房等）及完全分离（轻体墙、隔断）两种。其中，浴帘经济方便，可以经常更换，但是挡水效果差，容易发霉；淋浴屏与浴帘的效果差不多，可以保暖，但挡不住水汽；封闭式淋浴房的挡水效果非常明显，只是卫生比较难打理，淋浴房尽量选择平开门。如果选用淋浴房，一定要提前确定型号，在水电改造时留好给水排水及电源位置，另外还要考虑到防潮及日后维护的问题。

2. 轻体墙、隔断分区

轻体墙、隔断分区适用于 $5m^2$ 以上的卫生间，完全分割为干湿两部分，一部分是洗漱间，一部分是淋浴间及方便区，湿区的水汽完全不会影响到干区。需要注意的是，干湿区域之间的门应该采用玻璃门等防锈防腐材料。

3. 吊顶种类和浴霸的选择

吊顶材料中，防水石膏块的安装费用包括吊顶费用、墙面处理费用和乳胶漆费用，总价较高，而且安装后无法拆卸；铝扣板安装拆卸方便、容易打理，实用性更强。吊顶以浅色为宜。

在做水电改造之前就要确定浴霸的安装位置与开关面板位置，可以在水电改造时预埋几根电线备用。浴霸商家一般会提供安装服务，需要注意的是浴霸要和铝扣板吊顶同一天安装，并先于吊顶安装。

4. 排气扇的选择要点

很多卫生间不具备开窗对流的通风条件，因此需要选好排气扇。可以根据空间大小来选择排气扇功率，特别要留意电机的工作声音要小；另外，为了排气效果更好，一定要注意留好进气口，比如选择带百叶的卫生间门。

5. 墙地面材料选择要点

卫生间墙面材料保守一点，最好用瓷砖，耐水、好打理、花色多，比一些新材料如防水乳胶漆、防水壁纸之类的实用得多；地砖一定要防滑，购买时最好试一下在有水的前提下是否打滑，最好选深色地砖，不显脏，好打理。

6. 马桶尽量别移位

马桶位置与排污管相连，移动的话需要装上专用的马桶移位器（适用于10cm 以内的移位），不过可能出现堵塞问题。如果超出适用范围，则必须对排水管道进行改造，同时需要抬高卫生间地面 12cm 左右加个存水弯。在排水管道改造过程中，管道接口位置很容易出现漏孔，一定要多检查，确保没有泄漏，密封圈、玻璃胶等一样都不能少，改造后要重新做防水。移位的施工难度较大，很容易存隐患，建议尽量不要改动马桶位置。

7. 面盆选择要点

从材质上说，和陶瓷盆相比，玻璃盆比较难打理，尤其是水质比较硬的北方地区，水渍不好擦净；从类型上说，碗盆使用时水容易溅到外面，而且内外都需要清理，台下盆则方便清理，而且价格较为便宜；柱盆和浴室柜相比，推荐浴室柜。有足够的储物空间，而且可以在定制橱柜时一起制作，节约成本；电路改造时，注意在浴室柜或台盆附近设计一两个插座，便于将来使用小电器。

8. 五金挂件的选择

卫生间湿气重，毛巾杆、装饰镜等五金件一定要买好一点的，减少修理的概率，而且不容易被腐蚀。从材质上说，不锈钢硬度最好，不怕腐蚀，不过样式单一，种类较少；铜镀铬材质的比较耐用，不过要注意选择实心且是多层镀铬的；合金类的比较轻，容易变形生锈，不建议购买。

9. 地漏选择安装

鉴于卫生间的使用特性，必须保证地漏是地面最低点。首先，地砖不要选择大尺寸的，坡度不好控制，小尺寸的砖更好；如果移动地漏位置，方法有两种，一是地上开槽埋新加的配水管，二是垫高卫生间地面，施工难度较高，非常考验瓦工手艺；选购地漏时防返味最重要，还要注意防堵塞，另外还要注意防腐蚀，选铜的最好，其次是不锈钢的。

1.2.6　家庭装修老人房设计十个注意事项

随着国内人口老龄化的加剧，城市居家养老的住宅越来越受到专业装修公司的重视。关键是养老住宅设计细节问题，有许多独特的要求。如何让老人更科学、安全地生活起居，是设计师要认真思考解决的问题，在住宅条件允许的情况下，需设计安排好一个科学、舒适、安全、方便的生活环境。

1.地面选材，防滑、不出小台阶至关重要

老年人的居所，每个房间的地面装饰都必须选择防滑性好的材料，比如：防滑地板、地毯、石英地板砖、凹凸条纹状的地砖及防滑陶瓷锦砖等材料。地板能轻轻吸附脚底，走路不易打滑，又具有一定的弹性，也能减噪吸声。在卫生间或厨房门口，最好能铺上防滑地垫。

2.家具摆放，注重动线，留出足够的行动空间

老人房的家具以木质为佳，并且尽量少一些棱角。对老人来讲，稍微宽敞的空间可让他们行走更加方便，因此老人房间的家具不宜过多，以简洁实用为主。结构不宜复杂，拿、放自如。

老人一般都要起夜，他们的床应设置在靠近门的地方，方便如厕。对于患有腰肌劳损、骨质增生的老人家来说，睡软床有损健康，因此床以偏硬的床垫或硬板床加厚褥子为好，床上用品要选择轻暖天然的为宜。

3.色彩搭配原则，古朴中呈现祥和

颜色不仅能提升空间效果，还能改变人的心情和生理状况，应从颜色的角度创造空间。在老人房居室色彩的选择上，应偏重古朴、柔和与温馨。墙壁可尝试用米黄色、浅橘色等素雅的颜色取代常规的颜色，这些色彩会让老人感到安静与祥和。

4.阳台空间，导入阳光和微风

很多老人都喜欢养些花草、鸟雀。所以尽量要给老人选择有阳台的居室，且不要把阳台挪作他用，而要加装坚固的、高度适中的边角台架，让老人摆放盆栽花卉和笼中鸟。若更换新的阳台窗，需设计好开启方式以及在整个阳台的具体位置，与阳台高储藏柜、晾衣架一并考虑。

5.设置扶手，多份安全与实用，浴室要防滑防意外

有四分之一70岁以上的年长者易跌倒，会因此受伤，年龄越大，风险越高。过道、家具空间的宽度需要满足780mm，方便移动，高龄、腿脚不便的老人在

走廊及拐角处需设定水平扶手（图1-12）。同样，需要选用防水材质的扶手装置在浴缸边、马桶与洗面盆两侧。这些扶手对老人来说十分实用。甚至可在卧室墙上设1~1.5m高的扶手，以便于老人站立或坐下。

此外，市面上出售的各种防滑垫也是老人生活的好伙伴，可将其放置在浴室门口、浴缸内外侧。除了在浴缸边、马桶与洗面盆两侧安装扶手外，还可在马桶上装置自动冲洗设备，免除老人回身的麻烦。

6. 灯光设计，明亮且要易控

老人房间的光源一定不能太复杂，明暗对比强烈或颜色过于明艳的灯也不适合老人。要注重夜间照明，在一进门的地方要有灯源开关，否则摸黑进屋容易绊倒；床头也要有开关，以便老人起夜时随时可以控制光源。走廊、卫生间、厨房、楼梯、床头等处都要设计有小夜灯为佳（图1-13）。

图1-12　走廊扶手

图1-13　床头处

7. 采用温馨、怀旧风格

经历过沧桑岁月的老人，会有一种淡淡的怀旧情绪，喜欢凝重沉稳之美。设计布局要有格调。各种软装饰可帮助强化环境的典雅风格。比如，窗帘可选用提花布、织锦布等，厚重的质地和素雅的图案。

8. 做好隔声

老人的房间应尽量安排在远离客厅和餐厅的空间，装修时要重视门窗、墙壁的隔声效果，使老人房不受外界喧哗的影响。原老房隔声效果不佳的居室，可考虑设计新的隔声薄墙。

9. 安装智能化预警器

老人的床头边、浴室里可设一个报警器开关，警铃设在子女房与客厅，如子女不同住，可争取与小区保安系统相连。

10.卧室分床设计

在卧室设计上，有设计师提议，老人往往睡眠质量不佳，有的老人经常晚上起床如厕，为避免影响老伴休息，卧室可考虑分床设计。

1.3 施工前签单期

1.3.1 如何看懂装修报价

装修工程报价对普通业主而言，不太容易看懂。因为，普通业主对装修项目组成元素不了解，对价格高低没有概念，用什么材料、采用什么工艺、项目工程量如何计算等，都不太清楚。尤其对于预算报出的是否全面准确，是否有漏报装修项目，开工以后还要增加费用，更是心里没底。

（1）简单易行的方法：通过市场上、网站上找到三个装修公司、装饰设计师做出您家装修的预算报价。在三家报价中进行细致的逐项对比，了解装修项目名称，包含哪些装修内容、计费单价、施工工艺、材料的品牌及型号。在这个过程中可能会发现有些区域，有的工长报了5项，有的公司报了4项，需询问工长，得出结论，了解到报价的差别在哪里，是什么原因造成的。

（2）咨询的过程就是一个学习过程。提示：在没有进行房屋测量前，做的报价是基本预算，可能与实际装修报价有较大的差距。因为对房屋的结构、墙、顶、地、室内设施都没有进行勘察测量。有些小公司在拉客户时以报价为诱饵，先做一个低的报价，取得客户信任，待签了装修合同，在中后期做出几万元的增项，让很多业主上当。

（3）在设计师实际测量房屋后，给出的报价相对比较准一些。规范的报价预算与实际装修完工做的总决算不应差出10%以上金额。但有一种情况，即客户改动了装修设计方案，那么工程报价也有可能随之变化或者增加。

（4）正常报价应按房屋功能区划分：门厅、客厅、大卧室、次卧室、书房、厨房、卫生间、阳台等，再加上水电项目。只要耐心整理、细心比对、不断熟悉，就可以在不长的时间内看懂报价。以下举例：

1）墙面（厅房）子项目（表1-1）：

墙面（厅房）子项目报价　　　　　　　　　　　　　　　　表1-1

序号	项目名称	单位	单价	工艺做法、材料说明
	一、厅房			18项
1	刷界面剂	m²	5～10	1. 清理原墙面、顶面基层。 2. 涂刷界面剂一遍封底。 3. 封闭底面，增强粘结力。 4. 工程量按实际面积计算

续表

序号	项目名称	单位	单价	工艺做法、材料说明
2	底层石膏顺平	m²	18 ~ 25	1. 阴阳角顺直处理。 2. 批刮底层石膏 1 ~ 2 遍，找平厚度 ≤ 15mm。 3. 质量标准为顺平顺直，原基层平整度 ≤ 2cm 时，验收标准平整度 ≤ 5mm。 4. 垂直度不检测。门、窗洞口面积减半计算
3	批刮耐水腻子	m²	25 ~ 35	1. 批刮耐水腻子 2 ~ 3 遍，批刮厚度 ≤ 3mm。 2. 腻子干燥后用 120 ~ 320 目砂纸打磨平整。 3. 若遇砂灰墙、外墙内保温及基层质量差的墙体，需满贴网格布或的确良布时费用另计。 4. 门、窗洞口面积减半计算
4	挂网格	m²	15 ~ 25	1. 石膏找平时，将专用网格嵌入墙面。 2. 网格搭接宽度 5 ~ 10cm。 3. 网格可减少开裂发生的可能性，但不能完全杜绝墙面开裂

2）地面施工部分子项目（表1-2）

地面施工部分子项目报价　　　　　　　　　表 1-2

序号	项目名称	单位	单价	工艺做法、材料说明
1	地面水泥砂浆找平	m²	30 ~ 40	1. 地面清理干净。（适用于铺装地板前，基层的处理） 2. 国标 32.5 级普通硅酸盐水泥，砂浆配合比 1 : 3。 3. 厚度 ≤ 30mm。大于 30mm 时，每增加 10mm 加 10 ~ 15 元。 4. 平整度 ≤ 3mm
2	地砖铺装（正方形）（边长 ≥ 300mm ≤ 800mm）	m²	55 ~ 65	1. 清工辅料费，不含主材及勾缝剂。 2. 国标 32.5 级水泥砂浆铺贴。 3.（边长 ≥ 300mm，且 ≤ 800mm）（正方形）。 4. 如进行斜铺、拼花等特殊铺装，费用另计
3	地砖铺装（正方形）（边长 =800mm）	m²	55 ~ 70	1. 清工辅料费，不含主材及勾缝剂。 2. 国标 32.5 级水泥砂浆铺贴。 3. 边长 =800mm（正方形）。 4. 如进行斜铺、拼花等特殊铺装，费用另计
4	地砖波打线、铜条铺装	m	30 ~ 40	镶铜条（甲供）、波打线（甲供）铺装
5	踢脚板（瓷砖）	m	25 ~ 35	1. 甲方提供地砖配套踢脚线。 2. 清理原墙面，水泥砂浆或腻子铺装。 3. 国标 32.5 级水泥、中砂，铺完后勾缝处理
6	地砖勾缝（填缝剂）	m²	15 ~ 25	1. 清理瓷砖表面及接缝处水泥砂浆余料。 2. 普通白水泥勾缝，不收费。 3. 专用高档美缝剂（甲供）

（5）在报价中常见的是半包报价、整包报价，报价基本含义如下。

1）半包就是水泥、砂子、板材、石膏板、水电材料、腻子、界面剂、防水材料、乳胶漆等包含在价格内（也称作辅材），加上水、电、木、瓦、油工种的人工费。半包按施工项目面积和工程量计价居多。

2）整包就是人工费＋辅材＋主材（地板、地砖、橱柜、室内门、洁具、厨卫吊顶），不包含拆改、水电改造、灯具、窗帘、塑钢窗、厨卫五金件。整包按户型建筑面积计价居多。如：每平方米 880 元，房子建筑面积 85m²，即总价74800 元。

1.3.2　装修施工合同如何签？有哪些注意事项

装修工程施工合同（图 1-14、图 1-15）简称装修合同。它是装修工程中最主要的契约文件，关系到甲方（业主）的切身利益。这类合同如何签订，有哪些需要注意的地方呢？

图 1-14　家装施工合同

图 1-15　通用施工合同

1. 合同的构成

标准的装修合同是行业管理部门与行政管理部门共同制定的标准合同。主要由以下内容构成。

（1）工程主体：包括施工地点名称、甲乙双方名称；

（2）工程项目：包括项目名称、规格、计量单位、数量、单价、计价、合计、备注（是用于注明一些特殊的工艺做法）等，这部分按附件形式写进工程预算表中；

（3）工程工期：包括工期的天数、延期违约金赔付比例等；

（4）付款方式：对款项支付手法的规定；

（5）工程责任：对施工过程中各种质量和安全责任作出规定；

（6）工程保修：保修的内容、期限；

（7）双方签章：双方代表人签名及日期，作为公司一方还应有公司的公章。

2. 合同签署注意事项

一般来说，签订装修合同时需要注意以下几个方面：

（1）签订合同前审好报价单

签约前要求施工方提供详细的报价单，要求在报价单中尽量详细地标明每个项目的具体工程量，尤其是水电改造这样的项目，特别要避免使用"按实际发生算"这种模糊描述。施工所用材料的品牌、型号、规格、单价等都需要标明。

（2）合同文件要完整

一份完整的装修合同应包括工程预算（报价）、施工图纸、施工工艺说明、施工计划和进度表、甲乙双方材料采购单等文件。

施工图纸上的尺寸要标注完整、清楚；施工工艺说明用于约定工艺做法，是工程验收的依据；施工计划用于约束拖延工期行为；材料采购单上需要注明材料的品牌、型号、采购时间期限、验收办法等。

（3）合同中约定预算与结算浮动比例

为防止低开高走等陷阱，最好在合同中约定预算与结算的浮动比例，比如：在没有项目变更的情况下，竣工结算上下增减幅度不超过预算的 6% ~ 10%。

（4）工程验收条款要明确

此条款中要约定未验收或验收未通过项目的责任归属，包括使用《材料交接单》来记录材料品牌、规格、数量等信息，作为依据。

（5）项目变更需要加入合同

装修过程中如果发生项目变更，需要写入补充协议中，双方签字盖章。

（6）完工后的重要凭证

乙方提供《保修单》、管线竣工图等资料。管线图是日后维修的重要指引。

（7）其他装修施工合同

目前，有些《装修施工合同》由装修公司自己拟订。为了规避公司的责任，可能将某些不合理条款（霸王条款）隐藏其中，需要在签合同前，认真审阅。

1.3.3 家居后期陈设与后期配饰

陈设与配饰的概念：指用来使用、美化、强化环境视觉效果的物件，具有收藏价值、纪念意义、观赏价值、文化意义的物品。

（1）陈设是指装修完毕之后，利用那些易更换、易变动位置的饰物，如窗帘、沙发套、靠垫、工艺台布及装饰工艺品、装饰铁艺等，对室内的二度陈设与布置。有壁毯、书法条幅、藤器、盆景、水族箱、绿色植物等。家居饰品作为可移动的装修，更能体现主人的品位，是营造家居文化内涵的点睛之笔，它丰富装修后的视觉效果，体现了艺术品位。

（2）配饰是将工艺摆件、纺织饰物、收藏品、台式仿古灯具、青花瓷器（图1-16）、青铜工艺品（图1-17）、景泰蓝太平象（图1-18）、中国结挂件、古玩、文玩、文房四宝等进行有机的组合，形成一个整体家居生活氛围。

图1-16　青花瓷器　　　图1-17　青铜工艺品　　　图1-18　景泰蓝太平象

（3）综合表现手法分为四类：墙面装饰、台面摆放、橱架展示、空中悬架。

（4）陈设配饰主题：三项融合。就是装修风格与家具款式统一，室内主色调与布艺相关联，室内风格与陈设文化有一致性，从而达到相互衬托、相互辉映，以满足房屋主人对生活理念的理解、追求、喜好。例如，雕塑小天使（图1-19）、玉器摆件（图1-20）、银器（图1-21）。

 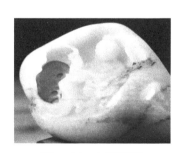 

图1-19　雕塑小天使　　　图1-20　玉器摆件　　　图1-21　银器陈设

（5）陈设与配饰可以新老搭配。老物件有时代的沧桑感，并且若是先人传承下来的物品，睹物思人是对他们最好的怀念，体现了中华传统美德。新饰品如风景油画（图1-22）、人物油画（图1-23），具有现代元素，让人们享受现代科技带来的生活品质和舒适美感，并唤起人们对美好生活的珍惜和向往。

图1-22 风景油画

图1-23 人物油画

第2章 大宅设计案例

2.1 大户型五居室案例（一）

项目来源：北京佳时特装饰公司装修项目

项目地址：北京市通州区 k2 海棠湾

设计风格：法式轻奢

设计师：梁亚男（高级设计师）

建筑面积：306 平方米、五室二厅二厨三卫

施工工期：155 天

装修造价：78 万元整装、设计费 2.1 万元

北京佳时特装饰公司是一家集家装设计、工装、别墅施工、配套主辅材产品销售于一体的大型装饰企业，有 12 年以上的发展历史，在北京家装行业是一流明星企业，是中国建筑装饰协会全装修分会副会长单位，在京城家装行业具有良好的口碑与信誉。

设计说明：户型为复式上下两层，一层是较为规整的三居室（图 2-1），负一层是大开间，想做成卧室、书房、公共空间、孩子玩耍区域、洗漱区域（图 2-2）。户主从事互联网 IT 科技行业，房子由夫妻和两个孩子及父母六人居住。

本案例没有对户型进行大的格局改造，整体结构功能合理。墙面通过壁纸和护墙板、石材、镜面的搭配，使整体感觉简单又温馨，同时也不失典雅，加局部吊顶和布艺，布艺家具的点缀，把法式轻奢风格整体融入和贯通。

此方案只在空间狭小的过道进行地面设计，作用在于美化装饰，同时强化导向感观，让走廊更有层次感。风格为美式轻奢。对原户型各个功能区的局部改造，使结构更加多元化，功能性更加完整，更好地满足业主的需求。

空间多采用米白色护墙板及大理石，茶镜材质，使整体空间达到简约不失典雅的效果。家具多采用香槟色金属线条装饰，客厅、餐厅配以美式家具特有的美

感（图 2-3 ~图 2-5），从而达到浪漫、轻奢的效果。

图 2-1 一层平面布局图

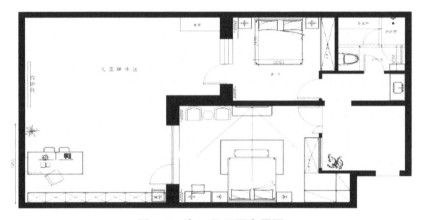

图 2-2 负一层平面布局图

图 2-3 北京佳时特公司提供

图 2-4 北京佳时特公司提供

图 2-5 北京佳时特公司提供

厨房（图 2-6、图 2-7）。西厨空间灰色的地砖，爵士白墙面配上米白色的柜面，简洁但不简单的直线条走边，配以顶面石膏板吊顶，整体和谐。从走廊向西厨空间看，具有很好的延伸感。

图 2-6 北京佳时特公司提供   图 2-7 北京佳时特公司提供

女孩房（图 2-8、图 2-9）。女孩现在刚刚两周岁，特别喜欢粉色，但是业主也不想让孩子房间儿童气息太浓，整体选用藕粉色的壁布，家居选用米白色作点缀，羽毛灯的运用使整个空间既大方又有仙女气息。

主卧（图 2-10）。为了满足女业主的青春浪漫心态，采用了藕粉色的床品作点缀，同时配以米白色护墙板，米色墙布，整体风格统一，不失浪漫。

图 2-8　北京佳时特公司提供

图 2-9　北京佳时特公司提供

图 2-10　北京佳时特公司提供

2.2　大户型四居室案例（一）

项目来源：北京佳时特装饰公司装修项目

项目地址：北京市昌平区定泗路西湖新村

设计风格：现代黑白灰

设计师：王小燕（高级设计师）

建筑面积：276 平方米、四室二厅一厨四卫

施工工期：120 天

装修造价：16 万元（半包不含主材）、设计费 1.8 万元

北京佳时特装饰公司，在近年发展过程中获得各种奖项二十余项。公司有五家设计分部，二大展厅，近 4000 平方米的家居体验馆，有近 200 位设计精英组

成的团队，有过硬的高水平施工质量和诚恳踏实的服务态度，多年来在北京开展别墅区装修、二手房改造，获得了广大业主的称赞。

设计说明：户型是较为规整的四居室（图 2-11～图 2-13）。风格为后现代黑白灰风格。对原户型各个功能区的改造，使结构更加多元化，功能性更加完整，满足业主的需求。考虑过渡的同时也要兼顾三世同堂。

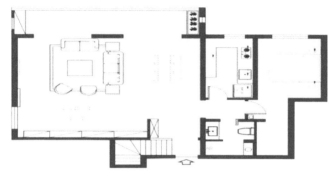

图 2-11　一层平面布置图

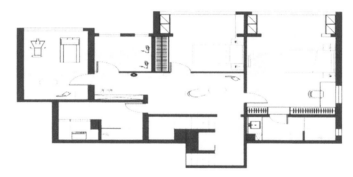

图 2-12　二层平面布置图

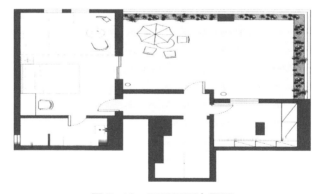

图 2-13　三层平面布置图

把原户型的多居室改为四居室，风格以当下流行的黑白灰为主色调，大面积留白，局部深色木作为点缀，再配以极具品味的家具配饰及灯光的呼应，显示出空间的完整性及时代感，从而达到稳重、时尚的效果。

客餐厅（图2-14~图2-16）首先进入眼帘的是玄关鞋柜及楼梯间，鞋柜采用深色木纹悬空设计，楼梯间采用饰面板叠加作灯光嵌入设计，踏步为了增大宽度而做出挑檐，以灯光装饰效果。再走进一步，便是电视背景墙，电视采用悬挂式，深色木饰面错层装饰效果，墙面主灰色，电视下方以爵士白石材定制电视柜，达到极简的感觉，形成色彩对比。沙发侧做储物性书柜，中间镂空，可放装饰物。空间融入休闲茶台，一面深色背景柜不仅起到了装饰效果，也是整个客餐厅的收纳设计。顶面设计，整体做新风设计，无主灯设计，造型简单美观。

图2-14　北京佳时特公司提供

图2-15　北京佳时特公司提供

图2-16　北京佳时特公司提供

厨房（图2-17）采用黑白灰元素，简单的深色橱柜搭配雅士白墙面，地面沿用客餐厅深灰色石材，采用直线条达到简练的效果。

图 2-17　北京佳时特公司提供

主卧（图 2-18）是主人特别在意的设计空间，由于是三层有斜顶，所以在设计上也是考虑到无主灯设计，浅灰色壁纸，深木色背景墙，搭配灯带装饰。卧室的浴缸设计，打破传统的思维模式，运用灯光设计，把每一个细节处理好。整体风格统一不失浪漫。

儿童房白色调为主，墙面宇宙星空壁纸，充满童趣。次卧白色装饰板设计，深色地板，整体无主灯设计，简约、色彩明亮的配饰作搭配（图 2-19）。

图 2-18　北京佳时特公司提供　　　　图 2-19　北京佳时特公司提供

卫生间（图 2-20、图 2-21）在设计上，由于男女主人特别不喜欢玻璃材质，所以在设计上用隔断做了淋浴房分隔空间设计。后期细节上也做了很多深化，配色主要是灰色系，达到冷色系氛围，处处体现出年轻的时尚感。

露台：功能性露台及休闲露台合二为一（图 2-22），满足了日常露台的基本要求，又达到了休闲娱乐的效果，空间功能更加丰富。

图 2-20　北京佳时特公司提供　　　　图 2-21　北京佳时特公司提供

图 2-22　北京佳时特公司提供

2.3　大户型四居室案例（二）

　　项目来源：深圳市圳星装饰设计工程有限公司装修项目

　　项目地址：深圳市南山区润科华府

　　设计风格：现代轻奢

　　建筑面积：138 平方米、四居室

　　设计师：唐文香（高级设计师）

　　装修造价：95 万元、设计费 2.2 万元

　　深圳市圳星装饰设计工程有限公司始创于 2012 年，是一家设计、施工服务一体化，有装饰设计、施工管理、主材运营人员数千名的大型装饰公司。现企业在广东省下辖城市内，已有 9 家经营单位，累计营业面积达数万平方米，是深圳市家装明星企业。

　　设计说明：轻奢也是一种生活态度，它着力于表现简约、舒适、低调而内敛的生活品质，同时又不失高贵与奢华。所谓轻奢主义，顾名思义，就是"轻度的奢侈"，也可以视为"低调的奢华"。业主为年轻的夫妻和孩子，男业主是互联网公司高管，喜欢简单又相对奢华的风格，最终选定了轻奢。

客厅米白色大理石电视背景墙（图 2-23），搭配金属线条，勾勒出空间的层次感。

图 2-23　深圳市圳星公司提供

玄关处的鞋柜与吧台旁的玻璃柜相结合（图 2-24），除了放下男主珍藏的酒品外也起到餐边柜的重要作用。

图 2-24　深圳市圳星公司提供

　　书房（图 2-25）金色包边，配以白色或灰色，华丽又不落俗套，呈现不一样的视觉效果，让书房更加光感亮丽。

　　简洁明亮的造型将轻奢风格展示得淋漓尽致，融入咖啡色元素的舒适沙发可以让业主在办公读书间隙小憩之时，更加放松地欣赏窗外风景。嵌入式的书柜设计（图 2-26），不仅有别致的装修效果，更让空间感十足。

图 2-25　深圳市圳星公司提供　　　　　图 2-26　深圳市圳星公司提供

　　俏皮可爱的浅蓝海滩风，使得整个房间空间感十足，别致的灯饰及衣柜展现出轻奢的风范，小朋友可坐在舒适的地毯上玩耍（图 2-27），闲憩时间靠在飘窗上读读书，真是好惬意。儿童房（图 2-28）设计采用了悬挂式的隔板，整个空间更有灵性，又充分地利用了空间收纳功能。

图 2-27　深圳市圳星公司提供　　　　　图 2-28　深圳市圳星公司提供

　　卧室 1（图 2-29）为了营造一种安静的氛围，在整个色调上没有用过多跳跃的色彩，通透的灰玻璃定制柜门加大了空间的视觉感，也可以很容易地找到自己需要的衣物。卧室 2（图 2-30）在材质上与公共区域保持一致的延续，色调上又区别于公共区域的彩色，运用咖、灰、金等来营造出更宁静的休息空间。

图 2-29　深圳市圳星公司提供　　　　图 2-30　深圳市圳星公司提供

2.4　大户型三居室案例（一）

项目来源：北京三好同创装饰设计公司装修项目

项目地址：北京观筑庭园小区

设计风格：中式极简

设计师：马歆（首席设计师）

建筑面积：168 平方米、三室二厅一厨二卫

施工工期：120 天

装修造价：12 万元（半包不含主材）

北京三好同创装饰公司是一家集装饰设计、施工为一体的大型综合性装饰企业。公司拥有 4 家旗舰家居体验馆，共两千多平方米。2019 年，公司成立"墅空间国际装饰"中心，定位于别墅大宅设计，是服务于社会精英的装饰施工服务商，是北京地区近年发展迅速的知名装饰企业。

设计说明：户型较为规整的三居室（图 2-31）风格为中式极简。对原户型各个功能区的改造，使结构更加多元化，性能更加完整。空间多采用白色护墙板及浅色乳胶漆调色，使整体空间达到简约不失典雅的效果。家具多采用红木，配以家具特有的华丽感（图 2-32、图 2-33），从而达到浪漫、极简的效果。

主卧（图 2-34）吊顶采用简洁但不简单的直线条走边，烘托出华丽的效果。家具色彩较为明快，具有拉伸视觉的效果。

厨房（图 2-35）延续了空间的纯净感，遵循"少即是多"的原则，精致的花艺与饰品有序地陈列，打造生活的气息。卫生间（图 2-36）暖灰色系墙砖质感丰富，无框方镜与物架提升精致度。

图 2-31　平面布置图

图 2-32　北京三好同创公司提供

图 2-33　北京三好同创公司提供

图 2-34　北京三好同创公司提供

图 2-35　北京三好同创公司提供

图 2-36　北京三好同创公司提供

2.5 大户型四居室案例（三）

项目来源：贵阳美之源装饰工程公司装修项目

项目地址：贵阳市中铁逸都国际

设计风格：现代简约

设计师：赵敏（首席设计师）

建筑面积：136 平方米、四室二厅一厨二卫

施工工期：110 天

装修造价：硬装 20 万元、设计费 0.6 万元、家电 12 万元、家具 10 万元

贵阳美之源装饰工程公司成立于 2008 年，是一家立足于贵州的区域型装饰企业。自成立之初就定下走规范化、专业化的发展道路。公司在 2010 年获贵州省建设厅颁发的建筑装饰装修专业承包贰级资质。多年以来，企业获得几十项荣誉称号，是贵州省建筑装修行业骨干企业。

设计说明：基于业主为一家三口，老人偶尔入住。故房型功能布局以三室一书房定位（图 2-37）。风格为现代简约，色调简约而造型不简单，全屋以无主灯设计为主题打开思维方向，配以简单的装饰灯带及轨道灯，使得整个顶面空间饱满而又不压抑。客厅搭配大理石＋长城板饰面造型背景墙，加以开放书房地台式的点缀及开放式厨房餐厨一体的布局，空间更富有层次感。

图 2-37 平面图

客厅（图 2-38）首先映入眼帘的是显眼的背景墙以及开放通透的地台式书房。电视背景墙以浅色鱼肚白大理石搭配深色的长城板作辅助，加上大理石台面的电视柜，相互呼应。书房浅木色地台搭配木色简易书柜，加上灯光修饰，明快大气。

图 2-38　贵阳美之源公司提供

区域划分明细而又相互关联。沙发（图 2-39）背景以蛾灰色硬包皮质为主，搭配定制个性装饰画，落落大方，不失高雅。整个空间错落有致，层层递进。

图 2-39　贵阳美之源公司提供

餐厨是家中最重要的生活空间，不仅使用频率高再是家居生活中不可或缺的一部分。随着时代的发展和消费者需求的变化，厨房设计已经不再局限于某一个单独的空间，而是更具有家庭生活感。餐厨一体化设计，受到更多人的喜爱，以岛台延伸部分作餐桌，节省空间，整体风格更和谐统一（图 2-40）。

主卧室（图2-41）是得到享受和放松的空间，在这个空间中能够不受其他外界的影响，除了床本身提供的舒适度以外，还要考虑到整个空间的静谧感和简洁感，不宜做过分的修饰，衣柜考虑纯白色简易平板柜门，搭配灰色的床头背景以及简单的床头壁灯，主次分明，明暗对比，递进了空间的层次感。

图2-40　贵阳美之源公司提供　　　　　图2-41　贵阳美之源公司提供

2.6　大户型五居室案例（二）

项目来源：四川惠天下装饰工程公司装修项目

项目地址：成都蔚蓝卡地亚小区

设计风格：东方混搭（中日风）

设计师：李萌（首席设计师）

建筑面积：380平方米、五室三厅三卫

施工工期：160天

装修造价：基础装修62万元、设计费7.6万元

作为南派精工国际家装馆、西南装饰品牌领导者的重庆天怡美装饰公司，为扩大市场服务范围，在2017年建立了独立运营的装饰子品牌惠天下装饰公司。公司拥有强大的网络营销团队、市场推广团队、资深家居设计团队、工程团队，建立了品牌运营部、渠道部、售后服务部、工程部等部门机构，是一家真正实现了设计、材料、施工、家具、家电服务的有工装背景的装饰企业。

设计说明：别墅以古代中国的客栈和山林之风混合日式风格搭建，原木材料和席草在空间中得以大面积运用，而少许现代家居生活中的沙发和灯饰、凉席和空调成为郊区林中必不可少的配置。

　　客厅凉席间（图 2-42）。三角棱柱的顶层结构，凉席草垫和木制纹条作为顶层，考虑电路以及美观的问题，石膏吊顶作为环绕面，灯带为辅，中层线框吊灯，灯为顶，席为盖。办公区（图 2-43）用纯原木色书桌椅，落叶窗的幕帘。

图 2-42　四川惠天下公司提供　　图 2-43　四川惠天下公司提供

　　原木餐厅（图 2-44）。源于北欧橡木的纯木色材料，加工成木桌木椅直接使用，没有任何油漆添加，环保而又自然。

图 2-44　四川惠天下公司提供

　　卧室 1（图 2-45）。源自日式的墙面线条，落地窗，庭院树林，葫芦吊顶，此卧室空间不大，但能有外庭院的外景景致。半旋转式台梯（图 2-46）。客厅凉席间侧面是两面环绕的推拉门，在村落院子正中间，纯原木的内饰摆件，纯天然的生活享受。

图 2-45　四川惠天下公司提供　　　图 2-46　四川惠天下公司提供

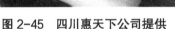

厨房与餐厅（图 2-47）。洗衣机内嵌在原木地柜之中，餐厅也是藤椅编织的凉椅，秋黄草色，点缀以深海碧蓝色的餐具。

图 2-47　四川惠天下公司提供

功能区（图 2-48）。创作室以一根根席草拼接成木制屏风，分隔过道和创作功能区，木桌是类似古代的放竹简的拱形木桌。

二层客厅（图 2-49）。转角楼梯上来便是二层中央空调下小客厅和小餐厅的空间所在，纯木中格和淡蓝色沙发。

厨房（图 2-50）。户主的庭院类似四合院的空间结构，西边厢房是厨房。另一处是客厅，内饰构造线条井然有序，侧面临靠内景院子。

图 2-48　四川惠天下公司提供

图 2-49　四川惠天下公司提供

图 2-50　四川惠天下公司提供

壁画悬墙，玄关走廊（图 2-51）。

茶水间（图 2-52）。简单的屏风，木工制成的堂桌，木墩椅，枫叶红花。

卧室 2（图 2-53）。六面顶层席草线条，二层俯瞰园中景色，三圈筒灯，两座沙发，灰白软饰，线条勾勒，对称的圆台明亮台灯，这处卧室是设计师的精心力作。

东厢房（图 2-54）。餐厅，茶水器具规则摆放，一贯的三棱柱顶层面结构，席草吊顶顶层面。

功能区（图 2-55）。琴房或陈列室，如此有禅意的院子，怎么能少了独特的陈列收集器物的地方呢，一处原木墙柜，收纳时间，抚琴独奏，悠然自得。

主客厅（图 2-56）。回归现代平层的简约美观之感，搭配木制桌椅得中式元素。整体风格才完美契合村落院子的中式古典气息。

功能区（图 2-57）。这处空间可用作休息区或学习区，木桶状高凳，对称酒店式标间双人床，墙面木雕栅栏跃然窗边。

图 2-51　四川惠天下公司提供　图 2-52　四川惠天下公司提供

图 2-53　四川惠天下公司提供　图 2-54　四川惠天下公司提供

图 2-55　四川惠天下公司提供

图 2-56　四川惠天下公司提供

图 2-57　四川惠天下公司提供

　　功能区（图 2-58）。禅意书房，手工匠人精心雕琢篆刻的原木书桌，配上户主的 L 角收纳书柜，L 角挂画墙面，书房自有书籍的木香韵味在其中。二厨房 + 餐厅（图 2-59）。

图 2-58　四川惠天下公司提供

图 2-59　四川惠天下公司提供

2.7　大户型四居室案例（四）

　　项目来源：四川惠天下装饰工程公司装修项目

　　项目地址：成都华侨城小区

　　设计风格：地中海风格

　　设计师：吴月玲（高级设计师）

　　建筑面积：180 平方米、四室二厅二卫

　　施工工期：120 天

装修造价：15 万元、设计费 0.9 万元

惠天下装饰公司重庆总部面积达一万多平方米。从 2017 年开始建立市场部，线下渠道的楼盘服务合作商，签约楼盘遍布成都 11 个县市区，例如重庆绿地城 17 栋精装房屋装饰进场，成都市尚阳臻品 11 栋楼精装房装饰进场，成都市各大 3 星级以上酒店、民宿、高层住宅、别墅区等。

设计说明：高端客户喜欢的地中海风格，原因无非就是浪漫主义的情调＋地中海岸风光，这种风格在现代家居的设计中开辟了另一条特别的美学之路。

客厅吊顶：实木骨架，星罗棋盘的造型；中部立墙壁炉，全水磨石精雕石桌，米白、紫色线条沙发（图 2-60）。中层空间：欧式蜡烛吊灯，夜晚星河烂漫，一抹新绿在和风中生长。外部：六格落地窗，仙人球与窗边人共赏窗外河山。

在饭厅一角放一架钢琴（图 2-61），台桌，木桌，一处吊灯，傍晚弹奏的曲子，全心享受现在的生活。

图 2-60　四川惠天下公司提供　　　　图 2-61　四川惠天下公司提供

大台面的饭厅石桌（图 2-62），餐厅的吊顶是圆锥式，拱门状的厨房通道。在大居室（图 2-63）中，随处可见舒适的沙发，小木桌，小文艺，宁静的气息。

茶水休息间（图 2-64），看书，作画，听钢琴曲，复古的欧式建筑，复古的阳台别墅设计。餐厅（图 2-65）是具有中式气息的地方。

三门式的入户门（图 2-66），实木和铝合金结合材料，门柜等。卧室是类似于船舱的设计，床头柜小隔间的摆设，船舱式的空间，还有飘窗相衬。

主卧室（图 2-67）在墙边也砌了壁炉，软饰和床铺都是一种色调。再挂一幅艺术画的作品。

卫生外间区域（图 2-68）特写镜头——浴室柜多层收纳间。

浴室和卫生间（图 2-69）采用大泳池地砖作为墙砖的铺设，蓝色，是令人悦目、舒适的颜色。

图 2-62　四川惠天下公司提供　　　　　图 2-63　四川惠天下公司提供

图 2-64　四川惠天下公司提供　　　　　图 2-65　四川惠天下公司提供

图 2-66　四川惠天下公司提供

图 2-67　四川惠天下公司提供

图 2-68　四川惠天下公司提供

图 2-69　四川惠天下公司提供

2.8　大户型三居室案例（二）

项目来源：北京巧创空间装饰设计有限公司装修项目

项目地址：北京北苑家园

设计风格：北欧风情

设计师：郑马（高级设计师）

建筑面积：138 平方米、普通三居室

施工工期：105 天

装修造价：18 万元（半包不含主材）、设计费 0.9 万元

北京巧创空间装饰设计有限公司是一家大型家装公司，为公寓、别墅、地产项目及公共空间提供"多元化，产品化"家装服务，业务涵盖新房精装、老房整装、局部改造等。公司致力于全方位提升和改善每个家庭的居家环境，成立十多年以来，一直深受全国各地广大消费者欢迎和喜爱。

设计说明：业主是一对夫妇，比较喜欢北欧风格。经过量房，设计师发现房子墙体几乎都为剪力墙，改动空间有限，厨房及储藏室空间狭小，需要为业主争取更多储物空间。

老房旧改平面（图 2-70）设计要点。充分利用空间利用率，将一些不尽合理的区域，经过二次设计空间调整，达到使用功能上的基本完备。

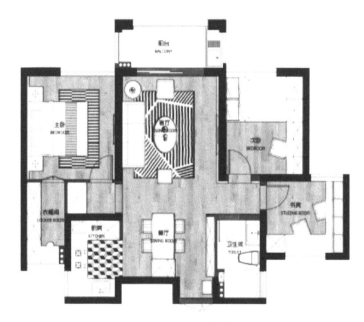

图 2-70　平面布置图

客厅（图 2-71、图 2-72）。业主希望色调效果是可以让空间显得开阔明亮不局促，不能太冰冷，需要有家的温馨感。设计上用白调为主，黑色线条作点缀，黄色块面柔化黑白灰的冰冷。在电视背景的设计上，摒弃虚华与厚重的材质，用简单的石膏板刷白代替传统的白色墙板，搭配木饰面和不锈钢压条，保留了质感。

在有限的空间（图 2-73、图 2-74），满足使用性，厨房、餐厅最初空间较拥挤，设计将厨房改造成开放式。厨房设计，配上地面的几何花纹，时尚且酷。

主卧（图 2-75）床头背景墙跟电视背景墙一致，白、黑、原木黄的搭配现代简约又透露出一点北欧风，冷暖适中，不太繁杂，也不会太单调无聊。软装配饰

（图2-76）方面，设计师没有按照传统方式在床背景中央挂画，而是选择了两幅小的黑白画，斜靠在背景一侧。

图 2-71　北京巧创空间公司提供

图 2-72　北京巧创空间公司提供

图 2-73　北京巧创空间公司提供

图 2-74　北京巧创空间公司提供

图 2-75　北京巧创空间公司提供

图 2-76　北京巧创空间公司提供

次卧（图 2-77）做了榻榻米的设计。对于新婚夫妻来说，有储物功能的榻榻米，能满足更多使用的可能性。榻榻米的设计规划了宝宝出生前后的不同使用功能。在二人世界时，它是休闲娱乐的小天地。

图 2-77　北京巧创空间公司提供

次卧（图 2-78）在迎来宝宝后，又能改作保姆房，改造十分灵活。

图 2-78　北京巧创空间公司提供

书房（图 2-79、图 2-80 ）为了满足夫妻同时使用书桌办公的需求，设计上做了一个"7字形"加长版书桌。书架层板用木饰面层板加白色烤漆立板和黑色不锈钢压条的混搭，让整个空间不显单调。

图 2-79　北京巧创空间公司提供　　　图 2-80　北京巧创空间公司提供

2.9　大户型四居室案例（五）

项目来源：北京巧创空间装饰设计有限公司装修项目

设计风格：日式风格

设计师：丁京龙

建筑面积：168 平方米、四居二厅二卫

施工工期：120 天

装修造价：21.8 万元（不含主材）、设计费 0.9 万元

北京巧创空间装饰设计有限公司以北京本土的价格、优质环保的选材理念、独特严格的施工管理以及前卫的设计和精湛的工艺，获得多个荣誉奖项。在北京等地区属于一线家装企业。公司有大型装修主材展厅，是电视台签约合作单位。公司赢得了业内一致认可和业主的广泛赞誉。

设计说明：户主在日本工作了 6 年多，房子之前一直处于出租状态，这次回国以后准备定居国内，需重新装修。由夫妻两人和孩子常住，父母偶尔过来。比较常规的四居（图 2-81），布局合理。

客厅（图 2-82）以木色为基调，绿色植物为点缀，把整体空间的色调感觉、视觉效果、色彩搭配做得简单统一，舒适度也提升了一个档次。

餐厅（图 2-83）运用与客厅统一的木色，整体风格统一。

主卧（图 2-84）造型简洁明快，不多做装饰，颜色简单且与客厅效果呼应。

儿童房（图 2-85）蓝色墙漆是小朋友喜欢的颜色，木色基调黄色吊灯，颜色活跃舒适。

卫生间（图 2-86）铝扣板吊顶加镜前吊灯，灰色的石材纹理瓷砖，尽显大气。

厨房（图 2-87）木色的双饰面橱柜，黑色把手网红版的小白砖，格调清新。

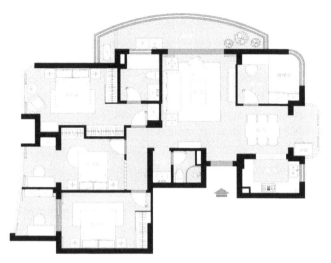

图 2-81　平面布置图

图 2-82　北京巧创空间公司提供

图 2-83　北京巧创空间公司提供

图 2-84　北京巧创空间公司提供

图 2-85　北京巧创空间公司提供

图 2-86　北京巧创空间公司提供

图 2-87　北京巧创空间公司提供

2.10　大户型三居室案例（三）

项目来源：南京沪青装饰公司装修项目

项目地址：南京市桥北华侨城

设计风格：浪漫的法式轻奢

设计师：徐露（高级设计师）

建筑面积：136 平方米、三室二厅一厨二卫

施工工期：120 天

装修造价：11 万元（半包不含主材）、设计费 0.9 万元

南京沪青装饰公司成立于 2007 年，是一家集设计、施工、软饰为一体的装

修公司。从事家庭、办公、商铺等设计与施工。公司有 2000 多平方米主材展厅，为客户提供一站式服务。在 2016 年成立南京栖霞分公司，2020 年成立上海沪青装饰高端设计工作室。

设计说明：户型较为规整的三居室（图 2-88），由一对年轻才俊夫妇居住。风格为法式轻奢。对原户型各个功能区的改造，使结构更加多元化，功能性更加完整，更好地满足业主的需求。空间多采用白色护墙板及深色乳胶漆调色，使整体空间达到简约不失典雅的效果。家具多采用香槟色金属线条装饰，配以欧式家具特有的华丽感（图 2-89、图 2-90），从而达到浪漫、奢华的效果。

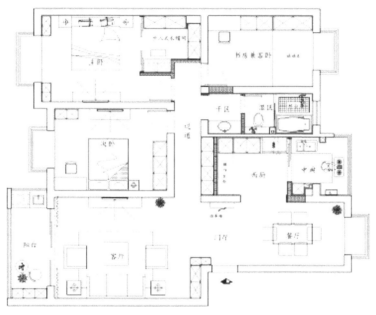

图 2-88　平面布置图

图 2-89　南京沪青公司提供

图 2-90　南京沪青公司提供

吊顶（图 2-91、图 2-92）放弃了欧式风格惯用的大灯池设计，用简洁直线条走边，配以顶面石膏花线烘托出华丽的气氛，具有拉伸视觉的效果。

图 2-91　南京沪青公司提供

图 2-92　南京沪青公司提供

厨房（图 2-93、图 2-94）的亮点在于入户视野的改造，将传统的厨房一分为二，入户即可看到装饰性较强的西厨，将油烟重污隐藏于中厨内，硬装部分皆摒弃了传统欧式的曲线装饰手法，多采用直线条达到简练的效果。

图 2-93 南京沪青公司提供 　　　　　 图 2-94 南京沪青公司提供

　　主卧（图 2-95）。为了满足女业主的少女心，采用了粉色的同时配以灰色，色彩华丽但不失年轻与时尚。舍弃了原有的主卫改为步入式衣帽间，所有门板及背景墙皆配以香槟色金属线条，整体风格统一不失浪漫。次卧（图 2-96）实用为主，壁柜加床体暗箱，大大增强收纳功能。

图 2-95 南京沪青公司提供 　　　　　 图 2-96 南京沪青公司提供

　　卫生间（图 2-97）保持原始图干湿分离的理念，扩大了湿区的使用面积，淋浴房内增添的浴缸以及改造后的挂壁式马桶，处处体现出年轻的时尚感。
　　阳台。功能性阳台及休闲阳台合二为一（图 2-98、图 2-99），满足了日常阳台的基本要求，又达到了休闲娱乐的效果，空间功能更加丰富。

图 2-97　南京沪青公司提供

图 2-98　南京沪青公司提供

图 2-99　南京沪青公司提供

2.11　大户型四居室案例（六）

项目来源：大连缘聚装饰装修公司装修项目

项目地址：大连市金地自在城小区

设计风格：新中式风格

建筑面积：225 平方米、四室二厅二厨二卫

施工工期：120 天

装修造价：22 万元、设计费 3 万元、主材造价 66 万元、家具电器 42 万元

大连缘聚装饰公司创立于 2008 年，经过 10 多年的发展，拥有国家一级建造师 8 人、国家二级建造师 22 人、工程师 6 人、设计师 50 余人、管理人员近 100 人，形成以建筑、装饰为主的现代化集团公司，是大连装饰行业明星骨干企业。

设计说明：项目周边环境优美，听音湖，居住环境、位置优越。设计以本土历史民俗为创作灵感，通过元素提炼，场景创作，赋予惯有的概念一道厚重的文化底色，让居者走近那一片流不走的时光，感悟本土的灵性与充盈的人文情怀。

本案为三层上叠墅项目。叠墅空间作为一个多层立体化的可变空间，不仅适合创造多变复杂的区域功能性——烹茶区、瑜伽房、休闲区等，还同时保持居所的大气尺度，给予家族对外交流、聚会的平台，演绎开放生活的精彩。

客厅一层含有接待、聚会功能，在这层强调回归文韵礼序的宁静致远（图 2-100 ~ 图 2-103）。就空间整体风格而言，偏向现代中式，设计语言采用直线条为主，块面的分割，给人通透干练的感受。在整体的浅色灰调中，色彩的选用延续黑白灰为主，点缀绿色。软装材质以实木、棉麻、皮艺为主，搭配玻璃、天然大理石、无指纹金属等天然材质，利用花艺进行点缀，以契合室内空间中的气质———种在韶华轮替中始终保有的从容与安详。

图 2-100　大连缘聚公司提供　　图 2-101　大连缘聚公司提供

图 2-102　大连缘聚公司提供　　图 2-103　大连缘聚公司提供

长辈房。长辈房并不"老气横秋"（图 2-104 ~图 2-106），朴拙的基调在线条的规整下生出别具一格的艺术感；"上善若水任方圆"中式美学里图形的含蓄和韵味被放大，糅合隐现生活的温度。

图 2-104　大连缘聚公司提供

图 2-105　大连缘聚公司提供

图 2-106　大连缘聚公司提供

二层主要为主人卧室与儿童卧室（图 2-107），注重各个空间的私密性与舒适性。女儿房透露着东方女性的柔德，同时得到充满民俗意趣的小摆件的加持，彰显着家族的教养传承。

餐厅。开放式＋封闭式餐厅（图 2-108 ~图 2-110），"荷铺水面盈盈翠，花立其间款款醺"。精致的餐盘搭配清透的石材，以器皿点缀其中，虚实互映中交织出自然的诗意与东方的风雅——宴邀清风明月作伴，携山水同饮。

图 2-107　大连缘聚公司提供

图 2-108　大连缘聚公司提供

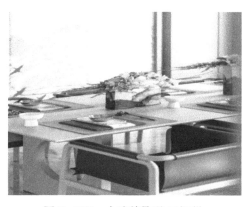

图 2-109　大连缘聚公司提供

图 2-110　大连缘聚公司提供

2.12　大户型三居室案例（四）

项目来源：融发家装饰（北京）公司装修项目

项目地址：北京市朝阳区百子湾家园

设计风格：简约舒适的轻奢

设计师：赵丽（主任设计师）

建筑面积：136 平方米、三室二厅一厨一卫

施工工期：120 天

装修造价：10.6 万元（半包不含主材），设计费 0.6 万元

北京融发装饰创建于 1998 年，具有市住房和城乡建设委颁发的二级设计及施工资质，是一家以家装为主，集家居装饰设计与施工、工装项目、家居产品（洁具、橱柜、木门、家具、电器）设计生产销售、家居建材服务等为一体的综合性

著名装饰企业。公司专注装饰服务 20 多年，致力于打造家装行业的知名品牌。

设计说明：户型是较为规整的三居室（图 2-111），居住成员是一对年轻有为的夫妇和他们 8 岁的宝宝。风格为简约轻奢。原户型本来有两个卫生间，但由于女业主想要一个大大的衣帽间，所以取消了主卧室卫生间，改成了衣帽间。对于三口之家，一个卫生间绝对够用。

图 2-111　平面布置图

在设计的过程中了解到，男业主喜欢深咖色、黑胡桃色，比较冷一些的颜色；而女业主喜欢浅一些、温暖一些的颜色。为了让两位业主都满意，在设计中墙面采用了咖色，来整体装饰客厅，不深不浅，中和了两位业主的需求。深灰色的西班牙大理石灰地面，白色大理石纹的定制电视柜，咖色的墙面，再加上胡桃色木纹家具的摆放，突出了整个客厅空间的质感。沉稳的硬装底色，再加上几抹艳丽的点缀色，整体空间堪称完美。就像一个妆容精致的女子，清新脱俗地呈现在我们眼前。硬朗的轮廓，细腻的内心。

客餐厅（图 2-112、图 2-113）。前期的硬装吊顶部分采用了简洁、干练的回字形吊顶。后期软装为了让它更有质感，在吊顶的边缘采用了 1 厘米宽的不锈钢条进行装饰，粗犷中又有了一丝细腻。墙面装饰部分：设计了两个背景墙。电视背景墙采用了天然的大理石，干净整洁的同时又凸显了时尚，品味。在白色大理石电视柜的一边，采用了不对称的手法，设计了黑胡桃色与黑玻璃相结合的装饰陈列柜（满足了男主人对黑胡桃色、黑玻璃的偏爱）。另一个背景墙——沙发背景墙则采用了深灰色的硬包，再加上细细的不锈钢分隔条，后期软装配饰上采用

图 2-112　融发家（北京）公司提供

图 2-113　融发家（北京）公司提供

铁艺浮雕装饰品进行装饰。两个背景墙形成对比，看似毫无关系，实际上和西班牙灰地面形成了一个整体，整个空间看起来很协调。

餐厅（图 2-114）。本案采用了很多细节手法。比如现在看到的这个门洞，传统的设计手法可能是包一个木制垭口。但是与整体风格有点不搭，不够简洁。所以，在后期的软装处理上采用了 4 厘米宽古铜色的不锈钢收边条进行收边处理。既满足了防磕碰功能，又满足了高颜值的效果。

门厅（图 2-115）。为了满足功能化需求，在门厅处设计了一面穿衣镜，配以两幅无边框的装饰画进行点缀。

图 2-114　融发家（北京）公司提供

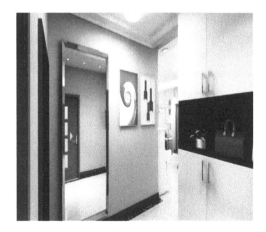

图 2-115　融发家（北京）公司提供

从本案例客厅部分实景照片（图 2-116）以及客餐厅全景装饰实景照片（图 2-117）可以看出，装修效果达到设计意图，获得业主的赞许。

图 2-116　融发家（北京）公司提供

图 2-117　融发家（北京）公司提供

2.13　大户型三居室案例（五）

项目来源：北京三好同创装饰公司装修项目
项目地址：北京市朝阳区海润国际小区
设计风格：温暖的美式古典风格
设计师：张景丽（高级设计师）
建筑面积：155 平方米、三室二厅一厨二卫
施工工期：120 天

装修造价：13万元（半包不含主材）、设计费2万元

北京三好同创公司通过服务创新，来满足客户新需求；通过技术创新，来改变原始施工模式；通过工艺创新，来提高施工质量；通过材料统一配送、市场配套，形成工厂化生产，使公司管理建立起规范化、精致化、流程化的工作体系，曾多次获得北京市装饰行业先进企业奖项。

设计说明：户型为规整的三居室（图2-118），风格为美式古典。对原户型各个功能区的优化使结构更加多元化，功能性更加完整。空间多采用米色护墙板及米灰色壁纸调色，使整体空间达到温暖不失典雅的效果。家具多采用深棕色美式家具，体现美式风格特有的厚重感（图2-119），从而达到温暖、典雅的效果。

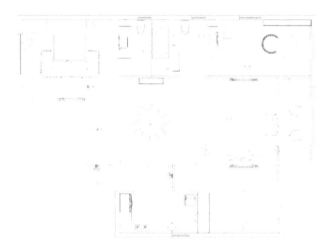

图 2-118　平面布置

图 2-119　北京三好同创公司提供

客餐厅（图 2-120、图 2-121）吊顶采用了灯池设计，用简洁的直线条走边，配以顶面石膏花线烘托出华丽的效果。家具色彩较为稳重，具有深化视觉的效果。

图 2-120 北京三好同创公司提供

图 2-121 北京三好同创公司提供

入户视野的改造（图 2-122、图 2-123），将玄关一分为二，看到装饰性较强的玄关柜。硬装皆摒弃了传统美式的装饰手法，多采用直线条达到简练的效果。

卧室（图 2-124、图 2-125）是复古效果，用了宫廷式家具的同时配以深色，色彩华丽但不失年轻与时尚。背景墙皆配以米色实木板，整体风格统一，不失浪漫。

图 2-122　北京三好同创公司提供　　图 2-123　北京三好同创公司提供

图 2-124　北京三好同创公司提供　　图 2-125　北京三好同创公司提供

书房（图 2-126）以白色调为主，配以欧式家具的立体感，简约实用。色彩明亮的配饰作搭配，达到简约不单调的效果。

卫生间（图 2-127）保持原始图干湿分离的理念，扩大了湿区的使用面积，淋浴房内增添的浴缸以及改造后的智能马桶，处处体现出年轻的时尚感。

图 2-126　北京三好同创公司提供　　图 2-127　北京三好同创公司提供

2.14 大户型六居室案例

项目来源：广东聚隆装饰公司装修项目

项目地址：广东东莞市江南第一城

设计风格：现代简约

建筑面积：281 平方米、六房二卫

施工工期：180 天

装修造价：41 万元、设计费 1.5 万元

广东聚隆装饰拥有三木设计院、原创高端设计、缔造艺术空间设计工作室，有聚隆品质整装、量身定制服务。公司独立运营机构：南城总公司、罗沙分公司、虎门市分公司、塘厦分公司、大朗分公司、惠州分公司、清远分公司、中山分公司、深圳市分公司 9 家。以广东东莞为核心辐射深圳以及珠江三角洲地区。

设计说明：该户型采用的是现代简约风格，以简约线条强有力地表现空间感和简约的舒适感。

客厅（图 2-128）。户型大空间使客厅视野感官上非常的明快、开阔。客厅天花板设有多个小灯分布各个角落，为客厅的灯光设计和采光加分。四周墙壁采用纯白色设计，突出简约风的明快、低调。

图 2-128 广东聚隆公司提供

餐厅（图 2-129）整体呈长方形，空间开阔，一侧采用大墙面橱柜设计，便于东西收纳以及物品展示。

主卧室（图 2-130）的亮点设计在于有两个落地窗，无论是清晨还是夜晚，站在落地窗前远望都是极致的生活体验。另外，主卧还配有电视背景墙，色调与其他三面相应，体现简约风格。

图 2-129　广东聚隆公司提供

图 2-130　广东聚隆公司提供

次卧室（图 2-131）靠床墙面采用竖纹设计，更具个性和简约的时尚感；衣帽间突出了现代风格的线条感，衣物的陈列摆放让人感觉如在展览馆欣赏艺术品一般。

走廊（图 2-132）。该户型的走廊与大门相通，宽阔的廊道设计让主人回到家眼前一亮，褪去在外工作一天的疲惫。大门对面的杂色墙面设计不拘于传统的纯色单面墙，带给人耳目一新的视觉冲击。

图 2-131　广东聚隆公司提供

图 2-132　广东聚隆公司提供

3.1 家装个性化案例（一）

项目来源：四川惠天下装饰工程有限公司装修项目

项目地址：成都望江水岸

设计风格：简约美式

设计师：樊琪君

建筑面积：136 平方米、四室二厅二卫一厨

施工工期：95 天

装修造价：16 万元、设计费 0.8 万元

四川惠天下装饰公司成立三年以来，合作建筑主辅材商家达三百家之多。公司自 2018 年以来，致力于线上营销渠道的搭建，在土巴兔等互联网装饰网拥有良好的口碑，2019 年迅速成为装饰网西南地区口碑商户和头部商家。每年为几千业主做高质量的装修服务。

设计说明：四居（图 3-1）装修风格倾向于简洁明晰、华丽高雅，适合于三口之家、都市白领，有追求有品位的家装需求。在设计师的装饰搭配下，房间整体的色彩搭配和装饰造型完美结合，渲染出简洁、追求朴实生活的气息。

客厅（图 3-2）浓浓的现代美式风情，温馨而时尚。简美风格主要是突出一种清新的感觉，整体的搭配和色调的选择都非常温馨、整洁。房间内的一些摆件点缀了整个房间，有种锦上添花的感觉。美式风格中的简约书房（图 3-3）装修，采用白色书柜，有点韩式风格的味道，配上深色的书桌，还有百叶窗的设计，使整个空间贵气十足。

餐厅（图 3-4）选择了深色的方形木桌，一家人围坐在一起吃饭是最温馨的事情。厨房（图 3-5）没有采用美式居家常用的开放式的设计，用玻璃既能保持空间的完整性，也符合中国家庭的烹饪习惯，避免油烟的侵扰。

图 3-1　平面布置图

图 3-2　四川惠天下公司提供

图 3-3　四川惠天下公司提供

图 3-4 四川惠天下公司提供   图 3-5 四川惠天下公司提供

卧室（图 3-6）的造型设计非常简洁，美式实木床和深色的地板相结合，给人温馨的感觉。深色与浅色的对比，彰显出现代美式层次感，简洁明晰。白色衣柜搭配柔柔的灯光，带来满满的暖意。

卫生间（图 3-7）的干湿分区以实用为主。

图 3-6 四川惠天下公司提供   图 3-7 四川惠天下公司提供

3.2 家装个性化案例（二）

项目来源：四川惠天下装饰工程有限公司装修项目
项目地址：成都保利花园三期
设计风格：日式风格

设计师：祝梁

建筑面积：112 平方米、三室二厅二卫

施工工期：110 天

装修造价：13 万元、设计费 0.6 万元

人们在钢筋水泥的城市中游走，紧张而又匆忙，每天都会碰到很多人很多事，虽有欢声笑语但不乏烦恼压力。忙碌的生活节奏，回到家只想寻求一份恬静来放松心情。本案平面布置（图 3-8）。

图 3-8　平面图

客厅（图 3-9、图 3-10）。因业主对茶几没有需求，将脚踏凳做大。3 米长的定制鹅卵石形沙发舒适度可能欠缺了一点，但瞬间提升了客厅的颜值。

图 3-9　四川惠天下公司提供

图 3-10　四川惠天下公司提供

玄关（图 3-11）。是园林设计景中有景的感觉。

餐厅（图 3-12）。现场定做的一卡座和边柜，增大了储物功能，使用方便。

图 3-11　四川惠天下公司提供

图 3-12　四川惠天下公司提供

卧室（图 3-13）。遵行传统日式风格。

厨房（图 3-14）。女主人偏爱下厨，做了较大的操作台。最初厨房空间很小，就利用生活阳台的空间分一部分到厨房。

图 3-13　四川惠天下公司提供

图 3-14　四川惠天下公司提供

3.3　家装个性化案例（三）

项目来源：深圳市圳星装饰设计有限公司装修项目

项目地址：深圳市龙岗区华业玫瑰郡

设计风格：简欧风格

设计师：刘哲（首席设计师）

建筑面积：130 平方米

装修造价：52 万元、设计费 1.2 万元

深圳市圳星公司在近年发展中获得各种奖项二十余次。公司使命：做行业的楷模、服务客户、造福社会。愿景：打造行业知名品牌，成就装饰百年圳星。经营理念：以客户利益为先、时刻为客户着想；打造刚性品质、以质量求生存；建设和谐团队、口碑促发展。每年为6000多名业主提供装修服务。

设计说明：业主的工作需要经常出差，自己有中意的家具风格。在设计之初保留了业主喜欢的家具类型，根据家具类型来搭配发挥。利用空间打造出多个功能区，比如储藏间、客房、钢琴房等。入门玄关及公共卫生间都仔细考量了与客餐厅的关系，搭配上墙布、木制品等，再有氛围灯及自然光等光影的加持，造就此刻的温馨家园。

本案是平层户型（图3-15）。日光从客厅的窗照进室内，显得柔和明亮，棕色偏中式沙发耐脏好打理，墙面上的装饰画提升了整个空间的文艺气质。为了满足业主真实需求，客厅地面用的是实木地板，运用了相对应的规则造型去呈现整体性，灯光的烘托体现艺术性，达到浑然天成的效果。

大理石的电视背景墙（图3-16）和棕色的电视台搭配得很完美，从绿植能看出业主是一位细心的爱花之人。

图3-15　深圳市圳星公司提供　　　　图3-16　深圳市圳星公司提供

从阳台望向客厅（图3-17），整个空间的设计以简约之风为主，深木色和白色为色彩主基调，既不深沉，也不浅显，内容含蓄，简洁舒适。低调的浅色系缓和深木色的厚重，增加视觉明亮感。一扇玻璃门简单区分了客厅和餐厅，将功能清楚划分，空间感十足。

卫生间布置（图3-18），一面白格子长条砖打破了整个空间的沉闷，丰富了空间的趣味性和视觉效果。浴室柜上方吊顶做暗藏灯带，无主灯，局部光源增加了空间的神秘色彩。

图 3-17　深圳市圳星公司提供　　　　图 3-18　深圳市圳星公司提供

　　明黄的灯光与沙发黄色波浪条纹毯子交相辉映，营造一种温馨的生活氛围（图 3-19）。深木吊顶与黑桌子搭配，色调一致，空间和谐。透过玻璃门倒映的几何灯饰，照亮空间，对称且好看。

图 3-19　深圳市圳星公司提供

3.4　家装个性化案例（四）

　　项目来源：贵州快乐佳园装饰公司装修项目
　　项目地址：贵阳贵滨新城小区
　　设计风格：现代轻奢风格
　　设计师：杨靖（高级设计师）
　　建筑面积：110 平方米、三室二厅一厨一卫

施工工期：95 天

装修造价：半包 17 万元、设计费 0.8 万元

贵州快乐佳园装饰公司成立于 2010 年，是一家设计、施工服务一体化大中型企业。迄今为止，十年深耕贵州，是贵州省一流装饰企业。多年以来，荣获《贵州装潢》"推荐设计机构和十大设计师"等多项奖项殊荣。

设计说明：户型是较为规整的三居室（图 3-20），门厅和客厅之间使用屏风隔断，功能分配更合理。一家人居住，风格为现代轻奢风。

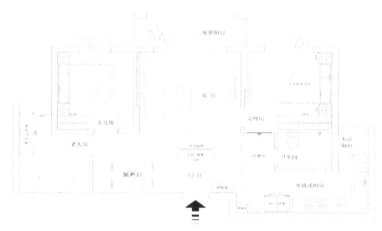

图 3-20　平面布置图

客厅（图 3-21）白色为主色调，黑、灰色与金色的背景搭配中和。错落的造型，不对称中却抵达平衡。轻奢的背后也体现一种现代"消费观"，极富创意和个性的饰品（图 3-22）。

图 3-21　贵州快乐佳园公司提供　图 3-22　贵州快乐佳园公司提供

软装配饰注重生活品位、健康时尚（图 3-23、图 3-24）。现代风格是家装风格中最不拘一格的，应用装饰一些线条，都成为现代装修风格中的一员。

图 3-23　贵州快乐佳园公司提供　　　　图 3-24　贵州快乐佳园公司提供

　　玄关、餐厅（图 3-25）。入户玄关的屏风、鞋柜隔断的改造，让空间更加协调且不显空旷，屏风的使用让玄关光线明亮，也照顾到了客厅的隐私，使用鞋柜更具实用性，增加了玄关的收纳性能。

　　餐厅与玄关接壤，地面使用木色的地板，回到家的第一瞬间就是温馨的。

图 3-25　贵州快乐佳园公司提供　　　　图 3-26　贵州快乐佳园公司提供

　　客厅内（图 3-25 ~图 3-27）灰色调拼接地砖质感加分，玄关柜隔断门厅，增加空间独立、隐私性。沙发墙以台面的形式，放上抽象挂画，精致自然，几何吊灯的使用使整体空间充满现代舒适的氛围，不同色度和款式的沙发围绕着颇有设计感的现代风茶几，整体格调充满前卫个性。

卧室（图3-28）。进入房间会被它圆环形的吊灯吸引，其次是床头背景墙的画装。灰色、白色、浅绿色的搭配使用，让空间显得柔和不突兀，点缀上金色系的床被、枕头、小吊灯、铁质饰品，精致的生活也是一种追求。

图 3-27　贵州快乐佳园公司提供　　　　图 3-28　贵州快乐佳园公司提供

卫生间（图3-29、图3-30）。卫生间采用卫、浴干湿分离，不仅保持沐浴之外的场地干燥卫生，也延长了卫生间设备的使用寿命。卫生间墙面使用硅藻泥，有效防水、吸光、调节空气湿度。

图 3-29　贵州快乐佳园公司提供　　　　图 3-30　贵州快乐佳园公司提供

整个卫生间用玻璃门隔离开来，不仅有效增强了隐私，也让整体空间看起来更有时尚气息。

3.5　家装个性化案例（五）

项目来源：贵州快乐佳园装饰公司装修项目
项目地址：贵阳北大资源梦想城小区
设计风格：欧式新古典风格
设计师：敖彦军（高级设计师）
建筑面积：137 平方米、三室二厅一厨二卫
施工工期：125 天
装修造价：21 万元（不含主材）、设计费 0.8 万元
贵州佳园装饰公司首先在贵州省内成立了专业设计中心，全面提升"N+1"服务标准——设计师＋助理设计师＋家具设计师＋软装设计师的整体团队系统化服务。为更好地服务广大业主，企业品牌再升级，最大程度地实现了装修工程质量和效果的统一，达到星级服务标准。

设计说明：户型偏正方形，符合传统户型观念"天圆地方"。业主有一对儿女，在儿童房作了很多细节上的调整，结合欧式与现代，更显青春气息。

欧式新古典风格（图 3-31）是在欧式风格的基础上增加了一些现代元素。适当放弃繁复的设计，在让空间呈现欧式风格元素的同时，也能简单奢华。

图 3-31　贵州快乐佳园公司提供

客厅（图 3-32、图 3-33）。空间材质选择的是灰色系色调，灯光的选择多以暖白色为主,可营造出家庭的温馨之感,材料方面多以灰色系高档瓷砖、高级墙纸、

图 3-32 贵州快乐佳园公司提供　　　图 3-33 贵州快乐佳园公司提供

硬包、水银镜、橡木银色漆为主。精美的吊顶线设计搭配欧式吊灯，舒适的软包沙发搭配现代元素的茶几，再加上大气的落地窗帘，让整个客厅空间精致、高雅、和谐。

　　玄关（图 3-34、图 3-35）。入户玄关是独立性较强的。进门后，左侧是到顶的欧式鞋柜，收纳能力绝对一流，平时除了放鞋以外，还可以养些盆栽、花草。进门的右侧是带有收纳功能的换鞋椅、吊顶柜，距离鞋柜不远，方便进出换鞋的同时，也增加收纳实用功能。玄关最大的亮点就是进门右侧的落地窗，出门时不仅能看到外面天气情况，更能增加玄关的明亮度，节能环保。

图 3-34 贵州快乐佳园公司提供　　　图 3-35 贵州快乐佳园公司提供

主卧（图 3-36、图 3-37）与客厅一脉相承，欧式元素随处可见，同样的暖色灯光和欧式吊灯。大气的落地窗帘，增添温馨感，欧式大床旁放一张舒适的硬包椅子，格调瞬间提升，深夜无法入眠时，可以舒适地休憩一下。窗台上放绿色盆栽，在纷乱的城市里找到一丝丝的宁静。

图 3-36　贵州快乐佳园公司提供　　图 3-37　贵州快乐佳园公司提供

次卧（图 3-38）是儿童房，考虑孩子的个性，放弃了与客厅的一脉相承。窗帘使用粉红色系点缀，现代风格的吊灯加上简单线条的墙顶（不使用吊顶），让空间简洁通透的同时，时尚与温馨的气息也得以体现。

餐厅（图 3-39）。餐厅与客厅使用简单的隔断，延续客厅的整体色调，雅致中带着文艺格调，营造出高贵典雅的就餐氛围。落地窗的使用让整个空间视野更加开阔，背景墙上的 2 个欧式挂灯是亮点，就餐仪式感十足。

图 3-38　贵州快乐佳园公司提供　　图 3-39　贵州快乐佳园公司提供

卫生间（图3-40、图3-41）采用人造石材，防水不渗透，防滑耐磨。卫、浴干湿分离，不仅保持沐浴之外的场地干燥卫生，也延长了卫生间设备寿命。由于洗漱间较为狭窄，这里充分使用了竖向空间，增加收纳的同时，也更为方便。

图 3-40　贵州快乐佳园公司提供　　图 3-41　贵州快乐佳园公司提供

3.6　家装个性化案例（六）

项目来源：苏州雅私阁装饰公司装修项目

项目地址：苏州中吴红玺小区

设计风格：新中式风格

设计师：徐彬（高级设计师）

建筑面积：145平方米、复式结构

施工工期：105天

装修造价：17.5万元、设计费1.2万元

苏州雅私阁公司从设计工作室起步，是集设计、精湛施工服务为一体的装饰企业。深耕行业十余年，其展厅二千多平方米，拥有几十位资深设计师。工程上严格把控验收节点、6大环节管理，成为几千位业主的最佳选择，是苏州家装明星企业。

设计说明：本案位于中吴红玺，项目面积145平方米，复式。本案的男业主喜欢中式风格，女业主喜欢时尚和现代的装饰，所以，设计师融合业主的喜好，为他们定制了一个混搭风的独"家"浪漫（图3-42、图3-43）。

图 3-42　一层平面布置图　　　　图 3-43　二层平面布置图

　　如水温柔的釉蓝沙发（图 3-44），如大地沉厚的实木茶几（图 3-45），在大理石反射的灯光之上展现木质与皮质的纹理质感，将中式元素贯穿到客厅，彰显出古色古香的典雅意境，呼吸之间皆是自然而古朴的气息。

图 3-44　苏州雅私阁公司提供

图 3-45　苏州雅私阁公司提供

稍显华丽的吊灯配合墙上金光闪烁的挂画（图3-46），在整体布置中增添一丝高雅的贵气，生机勃勃的盆栽在充足的采光之下显得风姿绰约，不经意间赋予了楼梯空间生命力，使其气质宁静，却也不失生趣。

设计上巧妙地运用浅灰调与自然阳光形成呼应，营造出光、灰、影三种不同层次感的色彩布局，细腻的木质地板仿佛春光照耀下昂扬的木枝的颜色，让空间带着儒雅的风韵。主卧窗帘处清雅的植被图案，栩栩如生，与清新的原木元素格外相衬，像是散落在树枝之上的新叶，淡雅而清丽，赋予卧室（图3-47）焕然一新的灵魂。

图 3-46　苏州雅私阁公司提供　　图 3-47　苏州雅私阁公司提供

质朴的书房兼茶室（图3-48），闲适的吊椅为书房增添惬意与乐趣，不似传统书房那样死板沉重，镂空而成的木质书架，颇有秀雅的艺术氛围，沉淀出文人雅士的风韵。

图 3-48　苏州雅私阁公司提供

3.7　家装个性化案例（七）

项目来源：北京佳时特装饰公司装修项目

项目地址：北京朝阳区旺角小区

设计风格：极简风格

设计师：丁曼（高级设计师）

建筑面积：120 平方米、二室一厅一厨一卫

施工工期：110 天

装修造价：8 万元（半包不含主材）、设计费 0.8 万元

北京佳时特公司在 2018 年获得中国电子认证平台颁发的"中国 3.15 诚信品牌旗舰企业"称号，是《住宅装饰装修一本通》《住宅设计与施工指南》二本社会出版图书的副主编单位，并获得了北京市工商联颁发的"绿色装饰企业"、中国电子商务平台颁发的"中国诚信企业信用认证"等多项荣誉称号。

设计说明：两居室（图 3-49）采用风格为现代简约。对原户型各个功能区的改造，使结构更加多元化，功能性更加完整。空间多采用木色护墙板及白色乳胶漆调色，使整体空间达到简约而有质感的效果。家具多采用木色金属线条装饰，配以简约家具特有的质感，从而达到简约质感的效果。

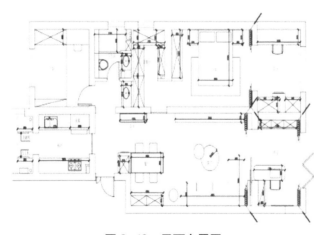

图 3-49　平面布置图

客厅（图 3-50）。客餐厅一体。客厅背景墙使用石材和木饰面结合，电视柜用石材镶贴，颜色为灰色，和爵士白的石材对比提高层次感。地砖采用深灰哑光地砖，实际采用 600mm×1200mm 尺寸地砖铺贴，通向阳台的门用黑色，通风透光感很强，材质为铝镁材质。地砖、木饰面、窗帘、沙发颜色形成递增。吊顶的反光灯槽利用现在流行的灯光设计手法，使位于一层的户型亮度更好。

图 3-50 北京佳时特公司提供

餐厅（图 3-51）。厨房面积不大，在餐边柜考虑台面，后期会有咖啡机、制冰机等，为了使用方便，台面会增加一个水槽，简单的水吧在此形成。入户右手边延长墙体做了鞋柜，入户映入眼帘的是展示柜及挂画，立刻提高空间质感。

图 3-51 北京佳时特公司提供

书房（图 3-52、图 3-53）。客厅阳台扩大，改成书房，主要男主人使用。书桌使用黑色金属桌腿及木饰面桌面，书柜的吊柜和地柜之间形成随手可放区域，使用很方便，吊柜门板为黑框金属 + 玻璃材质。对面展示柜与书桌形成呼应，门板颜色与书桌和木饰面形成一色，空间颜色及样式统一。

卧室及衣帽间（图 3-54、图 3-55）。卧室由原来的 14 平方米，变成了 29 平方米，增加了衣帽间和休闲阳台。卧室空间增大，功能性也丰富了。把卫生间改成步入式衣帽间，女主人的包包衣服都可以放进去。卧室是休息的地方，利用无

图 3-52　北京佳时特公司提供　　　图 3-53　北京佳时特公司提供

图 3-54　北京佳时特公司提供　　　图 3-55　北京佳时特公司提供

主灯设计，只留筒灯和床头柜吊灯，搭配深色鱼骨纹拼接地板，空间简洁。床头背景利用石膏板的反光灯槽及米色壁纸，让人更加放松，更易入睡。休闲阳台主要作化妆区域，满足女主人的爱美需求。

厨房（图 3-56）。厨房两边利用，冰箱进入厨房，地柜和吊柜颜色分别为木色和白色，感应灯和开放格提高空间质感，所有拉手全部隐藏，现代感极强。地砖为客厅地砖，使厨房和客厅融为一体。厨房阳台作洗衣房，洗衣机、烘干机放在两侧。

卫生间（图 3-57）。衣帽间和卫生间墙体封起，增加卫生间一个干区，为以后增添人口提供方便。卫生间的包管做成壁龛，马桶水箱及花洒全部隐藏，做成高级感。地面分成干湿，湿区是大理石地砖，黑灰两色让人舒适度很高。

图 3-56　北京佳时特公司提供

图 3-57　北京佳时特公司提供

3.8　家装个性化案例（八）

项目来源：南京美全装饰公司装修项目

项目地址：南京市栖霞区枫情水岸

设计风格：欧式轻奢风

设计师：周荃（高级设计师）

建筑面积：125 平方米、三室二厅一厨一卫

施工工期：90 天

装修造价：10 万元（半包含部分主材）、设计费 0.7 万元

设计说明：整体风格以美式轻奢为主（图 3-58、图 3-59），硬装部分以更简洁、硬朗的金属直线条代替，同时也浓缩着意想不到的功能与细节，从而彰显了一种高品质的生活方式。软装家具部分则采用弯曲线条，既有贵气又彰显业主品味。

客餐厅（图 3-60、图 3-61）。入户采用嵌入式鞋柜，不占用餐厅空间；电视背景墙采用大理石与金属线条的结合，沙发背景墙则以石膏线为主，两者的结合也体现了两种风格的结合；餐边柜增加了储物空间，深灰色的地面搭配浅灰色的墙面，使空间更有层次感；顶面做中央空调，使背景墙更加规整。

主卧（图 3-62、图 3-63）。女业主是个爱美的女孩子，衣帽间、梳妆台自然少不了，当然这也是每个女生的梦想，也考虑到男业主对书桌的需求，所以在窗户处设计书桌、梳妆台、飘窗柜一体，墙面颜色用了淡蓝色，更加低调奢华。

次卧 1（图 3-64）。地面采用偏暖的灰色地板，用一整面柜子增加储物，房间带阳台加上移门，密闭性更好，阳台也做了柜子，利用起来更加便捷。

次卧 2（图 3-65）。此房间是为以后的孩子准备的，在颜色上以偏米色的暖

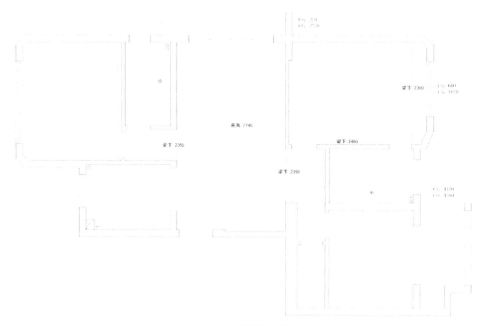

图 3-58　原始结构图

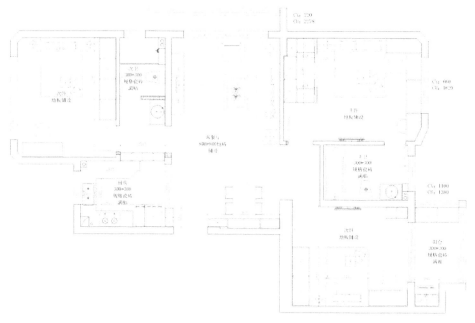

图 3-59　平面布置

图 3-60 南京美全公司提供

图 3-61 南京美全公司提供

图 3-62 南京美全公司提供

图 3-63 南京美全公司提供

图 3-64　南京美全公司提供

图 3-65　南京美全公司提供

色调为主，更加温馨。

　　厨房（图 3-66）。整体以美式为主，地面更是美式常用的仿古砖加上角花设计，墙面为仿古纹理。柜体以白色直线条为主，两者结合使空间明亮和谐。

　　主卫（图 3-67）。浴缸淋浴体现业主浪漫的生活以及生活情趣。次卫保留了原先的干湿分离，让生活更加方便。

图 3-66　南京美全公司提供

图 3-67　南京美全公司提供

3.9　家装个性化案例（九）

　　项目来源：南京美全装饰公司装修项目

项目地址：南京市鼓楼区清江花苑

设计风格：温馨的北欧原木

设计师：孟中月（首席设计师）

建筑面积：110平方米、三室一厅一厨一卫

施工工期：95天

装修造价：11.4万元（半包含少部分主材）、设计费0.8万元

设计说明：户型为较规整的三居室（图3-68），顶楼，老房子改造平顶改坡顶，多出楼顶空间，业主要合理利用一下。由一对年轻夫妇带孩子居住。风格为北欧原木。对原户型各个功能区的改造，使结构更加多元化，功能性更加完整，更好地满足业主的需求。为了利用顶楼的空间，开楼梯洞（图3-69），占用部分空间。整体空间多采用简单的木色和白色家具来搭配，墙面多为简单色调，从而增添整体的质感。

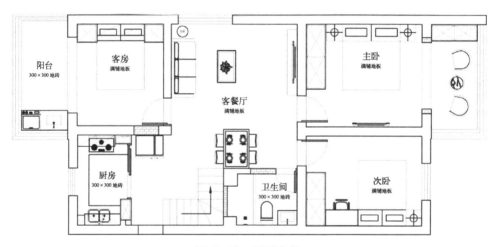

图3-68 平面布置

客餐厅（图3-70、图3-71）。吊顶采用简单而不简陋的边吊，两边做筒灯辅助光源来烘托整体气氛。电视墙用比较流行的灰色作局部调色，简单而不失美丽。

主卧、儿童房（图3-72、图3-73）。在于卧室视野的改造，原户型有两个阳台，为了使主卧的视觉感更好，舍掉主阳台，留有客房的阳台作为晾晒区。

厨房（图3-74）。为了有尽可能多的储物空间，把冰箱放在客厅，厨房整体做U形橱柜，整体风格北欧原木，采用流行的小格子墙砖及花砖，有小清新的感觉。

图 3-69　南京美全公司提供

图 3-70　南京美全公司提供

图 3-71　南京美全公司提供

图 3-72　南京美全公司提供

图 3-73　南京美全公司提供

图 3-74　南京美全公司提供

3.10　家装个性化案例（十）

项目来源：北京泰峰伟业装饰设计有限公司装修项目

项目地址：中国气象局（北京）住宅南区宿舍楼

设计风格：北欧风格

设计师：贾晶晶（首席设计师）

建筑面积：108 平方米、三室二厅一厨二卫

施工工期：92 天

装修造价：5.3 万元（半包不含主材）、设计费 0.6 万元

北京泰峰伟业装饰公司是一家集设计、施工为一体的专业化企业。2015 年，公司参与了新时代的装修模式——互联网装修，颠覆了旧的经营模式，有了开放透明的新体验。公司在新型模式下提供了测量、设计方案、报价、主材预算等多项服务。

设计说明：户型为南北通透的三居室（图 3-75），由三代五口人居住。客户对原户型不是很满意，根据需求作了一些结构上的改造，作了合理的优化和改进，对动静区也作了分离，满足业主对新的生活方式的需求。多采用原木色地板及乳胶漆调色，卧室床头做了浅色壁纸点缀，使整体空间达到温馨现代不失典雅的效果。

室内设计上，家具多采用亚麻布艺装饰，配以北欧家具现代工业的舒适感（图 3-76、图 3-77），从而达到时尚、现代、简约的艺术效果。

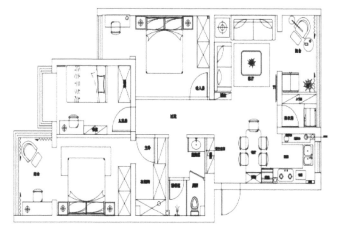

图 3-75　平面布置图

图 3-76　北京泰峰伟业装饰公司提供

图 3-77　北京泰峰伟业装饰公司提供

主卧（图 3-78）。本案的亮点在于主卧衣帽间的改造，将传统的卧室一分为二，入户即可看到步入式衣帽间，可以放下衣物再进卧室。硬装部分没做过多的修饰，采用一圈灯带，通过点光源和线光源的漫反射，使空间更加柔和，多采用直线条和几何形的图案达到简练的效果。

儿童卧室（图 3-79）。吊顶部分主要采用无主灯设计，采用简洁的直线条反光灯带，配以中性光的射灯效果。家具软装色彩较为明快柔和，具有温馨、舒适、轻松，无压抑、慢节奏、慢生活，无限释放欢快的效果。

厨房（图 3-80）。原先较小，家用电器比较多，改为敞开式，往门厅做了衍生加长，使门厅与餐厅融合，空间上更加有联系性和互动，做饭时也不影响与家人沟通交流。地面的地板直接铺到厨房里面去，吊顶采用防水石膏板刷乳胶漆与客厅做很好的衔接。这三块区域以餐厅为中心设计了一盏装饰吊灯，烘托家的团聚氛围并起到拉升空间层次的效果。

图 3-78　北京泰峰伟业装饰公司提供　　　　图 3-79　北京泰峰伟业装饰公司提供

图 3-80　北京泰峰伟业装饰公司提供　　　　图 3-81　北京泰峰伟业装饰公司提供

　　卫生间（图 3-81）。考虑家里人员结构，早晚使用频率较高，容易有冲突，在原始两个小卫生间的基础上改变成一个大一点的三分离式卫生间，洗漱、洗澡、上厕所互不影响，并且在干区外与过道处做了玻璃推拉门，对声音和气味作了阻隔，毕竟是在静区的位置，所以设计上更多还是以人为本。

　　过道、老人房。白色调为主，配以原木色地板和无主灯吊顶，让光体现在需要的装饰点和动线上，灵动轻松适合。老人房用少量的深色作点缀和灰色调的软装配饰作搭配，在整个空间也算是中心位置，达到简约、有平衡感的设计效果（图 3-82）。

　　阳台。这套户型一共有三个阳台，老人房的阳台作为储物和平时孩子的玩耍区域。老人不常住，所以老人房的门直接做成四扇拉门隔断，平时是开着的，增加小朋友的活动空间。主卧阳台主要作为主人的休闲区域。客厅的阳台作了一个阅读书房的功能，主要是为男主人设计的，平时可以在那里看书喝茶思考，也能欣赏小区外的风景（图 3-83），满足了日常阳台的基本要求，又达到了休闲学习的效果，空间功能更加丰富，同时也给客厅作了一些扩充，让客厅不再拥挤、有延展性。整体地面选择了原木色的复合地板。

图 3-82　北京泰峰伟业装饰公司提供　　　图 3-83　北京泰峰伟业装饰公司提供

3.11　家装个性化案例（十一）

　　项目来源：融发家（北京）装饰公司装修项目
　　项目地址：北京海淀世纪城
　　设计风格：简约
　　设计师：燕紫菲（高级设计师）
　　建筑面积：182 平方米、三室二厅一厨二卫
　　施工工期：110 天
　　装修造价：24 万元（整包含主材）、设计费 0.6 万元
　　融发家（北京）装饰公司推出精装全都有"按平方米"（实测面积）计价的套餐装修模式，以其独特、精准、全面、创新、高性价比的特点，重新定义了套餐装修的新标准。施工团队是江苏、安徽施工队，独立采购工厂价。老房装修设计，更时尚、更耐用。目前已成为京城百姓钟爱的家装企业。
　　设计说明：对原户型格局进行新的规划功能分区（图 3-84）。住宅由一对中年夫妇居住。男女主人都是医生，孩子偶尔回来住。风格为简约风格。对原户型功能区的改造，使结构更加多元化，功能性更加完整，满足业主的需求。
　　入户门厅（图 3-85）。玄关鞋柜，为了避免沉闷，上面留出装饰画区域，美观与实用并存。客餐厅一体，看起来更加通透和开阔。
　　客餐厅（图 3-86 ~图 3-88）。客厅护墙板造型与大理石相搭配，瞬间提升了

图 3-84　平面布置图

图 3-85　融发家（北京）公司提供

图 3-86　融发家（北京）公司提供

图 3-87　融发家（北京）公司提供

图 3-88　融发家（北京）公司提供

客厅品质，大理石背景让空间显得更有层次。地砖与大理石电视墙不乏时尚感，也显得更大气。独立餐厅设计一整面酒柜兼具展示功能储物柜，设计动感兼具实用性。

主卧床头背景墙采用硬包造型（图 3-89），让卧室更为温暖可亲。一侧的墙面做整面衣柜，补充收纳功能。合理规划并不拥挤，会客主灯让空间不会压抑，散光源让空间更柔和温馨。整个设计时尚不失雅致，让人身心舒适。

图 3-89　融发家（北京）公司提供

3.12　家装个性化案例（十二）

项目来源：苏州雅私阁装饰公司装修项目

项目地址：苏州锦华星光苑

设计风格：现代简约

设计师：袁英（高级设计师）

建筑面积：120 平方米

施工工期：95 个工作日

装修造价：13.5 万元、设计费 1.2 万元

苏州雅私阁装饰公司以其深厚的设计底蕴，演绎着将空间艺术化的设计思想，坚持让每一个环节都精细。经典案例遍布苏州各大小区，有融创桃花源、狮山御园、太湖别院，还有苏州铁道公司、沧浪人民医院等，涵盖了居住、办公、商业空间。

设计说明：本案位于锦华星光苑（图 3-90），一家三口喜欢现代简约风格，所以设计师在整体空间设计中，以优雅极致的高级灰搭配一些质感大气的色调。

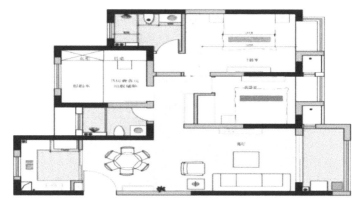

图 3-90　平面布置图

黑白相间的编织地毯，泛着明暗曲折的纹理，似阳光下波光粼粼的湖面，满载着家的柔情。柔软的皮质沙发散开浅浅的米色（图 3-91），让客厅散发着温润如玉的超然气质，镀着金光的佩环在一侧亭亭垂落，灵动也宁静。

不知是谁将浓墨泼洒，成就了狂野的泼墨挂画（图 3-92），拥着放纵不羁爱自由的独特灵魂，一体化的厨房餐厅，以经典的黑白配色突出空间的秩序和美感，高雅气质流溢而出，目之所及，皆是风景。

图 3-91　苏州雅私阁公司提供

图 3-92　苏州雅私阁公司提供

挂画妙趣横生，多变又随性（图 3-93），打破一成不变的生活，注入情趣与新鲜感，与极致优雅的灰色基调达成矛盾与融合的奇妙统一。

花瓶里的桃花羞红了脸（图 3-94），隔着清新的百叶窗，向和煦的阳光诉说心中的爱恋，不起眼的小小角落也可以有如此的曼妙光景。

狂放的壁画像云层叠荡，又似浪花朵朵，有形更似无形，窗台经过独辟蹊径的设计，成了午后阅读的圣地（图 3-95），让理性的空间里多了几分乖张的浪漫

图 3-93　苏州雅私阁公司提供

图 3-94　苏州雅私阁公司提供

主义，即便卧室沉浸在不明艳的灰色调里，也能拥有惊艳时光的灵魂。

　　女儿房像被仙女施过魔法似的（图 3-96），把童话故事里的公主梦变为现实，粉嫩的墙壁像被咬破的水蜜桃，可爱的贴画和抱枕一起诉说着童真的浪漫。

图 3-95　苏州雅私阁公司提供

图 3-96　苏州雅私阁公司提供

3.13　家装个性化案例（十三）

　　项目来源：广东聚隆装饰工程有限公司装修项目
　　项目地址：广东东莞市帝景中央小区
　　设计风格：现代简约
　　建筑面积：152 平方米、四房二卫
　　施工工期：125 天
　　装修造价：14 万元（半包不含主材）、设计费 0.9 万元

　　广东聚隆装饰公司 2009 年始创于东莞，是一家拥有设计、施工服务能力的室内装饰企业，专注为中高端精英阶层提供集室内设计、施工、材料、整体软装及售后服务于一体的整体解决方案，服务领域涵盖别墅、办公、会所等空间装饰设计。

　　设计说明：该户型采用的是时下最受追捧的装修风格之一——现代简约风格。相对来说，现代简约风格比较符合当下人的生活方式。

　　客厅（图 3-97）给人的感受是视野开阔，以灰色为主调突出现代简约风格的明快和高大上。电视背景墙采用白色纹理大理石，与天花板、灯光设计交相呼应；而客厅的四周墙面着重以灰纯色为主色调，表现了户主的个性以及舒适感。大理石纹理的地板瓷砖除了给人美观感之外还耐脏，照顾了户主卫生清理上的便利性。

图 3-97　广东聚隆公司提供

　　餐厅（图 3-98）的设计继续沿用了开阔舒适、简约质感的格调，即使家中有客人也不会产生拥挤感。带给就餐者舒适、优雅的感觉，享受慢慢进食的时光。

　　书房（图 3-99）的设计采光良好，右侧是玻璃推拉门设计，进出方便。书柜采用纯色简约风格，暗格还细心地设计有灯光，便于主人取拿书本。

图 3-98　广东聚隆公司提供　　　　　图 3-99　广东聚隆公司提供

卧室（图 3-100、图 3-101）。主卧和次卧的亮点是都有大飘窗，给卧室带来良好的采光，纯色的墙壁背景给户主带来宁静感，突出现代简约的舒适感和简约感。

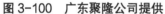

图 3-100　广东聚隆公司提供　　　　图 3-101　广东聚隆公司提供

卧室统一采用木纹地板，木纹地板最大的亮点是复古、简约与质朴，木地板具有吸声降噪的特点，给户主一个良好的睡眠环境。

3.14　家装个性化案例（十四）

项目来源：北京紫钰装饰设计有限公司装修项目

项目地址：北京天成明月洲小区

设计风格：轻奢风格

建筑面积：215 平方米（老房翻新）

装修造价：71 万元、设计费 2.4 万元

北京紫钰装饰公司（原北京六建公司直属装饰部）成立于 1999 年，2005 年独立注册。是以家装为主，涉足商装、建材的大型装饰公司。2007 年荣获全国城市工业品联合会《商业信誉认证五星信用企业》奖项，是北京室内装饰协会绿色装饰企业。公司目前已发展有三家分支设计机构，主材展厅数千平方米。

设计说明：由于每个人生活方式和对室内生活用品使用习惯的不同，决定了居室（图 3-102）室内物品具有多样性。另外，老人不与业主同住。业主平时比较繁忙，更加崇尚自然 舒适，放松下来拥有属于自己的空间，舒展心灵。定位为欧式（轻奢）风格，另增设智能系统，提升生活品质。

图 3-102 平面布局图

客厅护墙板（图 3-103）与硬包皮质壁布组合在一起，是欧式风格中"三段式"手法的体现，壁布中金色曲线的点缀，体现"轻奢"的氛围感。客厅以浅暖色调为背景色（图 3-104），添加法国蓝、柠檬黄为点缀色，使空间更加时尚，由于客厅中心位置的确定，电视背景增添隐形门，与电视背景融为一体。

图 3-103 北京紫钰公司提供

图 3-104 北京紫钰公司提供

餐厅做餐边柜储物柜，增加收纳面积。餐椅、饰品（图 3-105）、窗帘黄色系点缀色与客厅点缀相互呼应，协调搭配，天花吊顶金属线条勾勒，餐桌用大理石台面（图 3-106），餐椅腿金属色细节等，都在精致中体现"奢"，点明主题。

图 3-105　北京紫钰公司提供

图 3-106　北京紫钰公司提供

主卧用"爱马仕橙"（图 3-107）前中后呼应，护墙板与软包的结合，是欧式与现代的结合，水晶壁灯的呈现，蓝色与橙色的碰撞，使得空间具有品质感。

儿童房采用灰与粉的碰撞（图 3-108），空间洋溢俏皮的少女感，加入灰色成分，使空间适合的年龄范围扩大，挂画金色的相框，体现"轻奢"氛围感。

图 3-107　北京紫钰公司提供

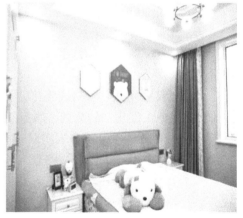

图 3-108　北京紫钰公司提供

厨房采用嵌入式冰箱、蒸烤箱、洗碗机、消毒柜、隐藏式净水器与垃圾处理器，用有限的厨房空间（图 3-109）创造最大的价值。金色橱柜与咖色仿大理石瓷砖搭配，使空间更加协调大气，同时实现最大的储物空间。

为了提高卫生间的收纳率（图 3-110），定做了可放洗衣机、又有收纳功能的浴室柜，"雾霾蓝"是近几年的主流色，搭配银色把手，与墙面整体白色仿大理石的瓷砖搭配，使得空间时尚轻奢。

图 3-109　北京紫钰公司提供　　　　图 3-110　北京紫钰公司提供

3.15　家装个性化案例（十五）

项目来源：北京紫钰装饰设计有限公司装修项目
项目地址：北京市海淀区上地东里
设计风格：北欧风情
建筑面积：120 平方米（老房翻新）、复式结构
施工工期：97 天
装修造价：基础 9.8 万元、主材 17.5 万元、定制家具 11 万元、软装 3 万元、设计费 1.5 万元

北京紫钰公司以"价格透明化；施工标准化；工艺现代化；材料环保化；人员专业化；服务人性化"的原则，服务于每一位客户。公司汇集了各种设计流派且经验丰富的设计师。公司自成立以来一直坚持"以质量求生存，以信誉求发展"的经营理念；采用"管家式"的服务理念，力争让客户感受高质量的服务。

本案为一家 6 口四代人居住，女主很阳光、爱笑，非常热爱生活，比较注重仪式感。她对待任何事物都很积极、乐观。喜欢白色、粉色、金色，也是典型的处女座，对待任何事情都是力求完美的职业女性。

一层户型中规中矩，各个空间很方正，结合业主的需求，设计上对布局改造进行了调整。扩大了入户鞋柜的收纳，同时也把厨房一并扩大，实现了双区域的收纳率，卡座位置可享用下午茶；卫生间、卧室格局比较常规，也可满足业主需求；老人房采用错位高低床，后期主要居住的是女主外祖母，平时给女儿作为学习区。

二层方案原本顶层杂物间改造为独立儿童娱乐区。二层主要特点在顶面，顶面为斜顶，女主想做一些梁在顶面，比较喜欢原始木梁或不规则房梁，主卧室的衣柜也采用斜的衣柜来衔接顶面。

居室生活阳台纳入客厅后（图 3-111、图 3-112），充足的阳光洒在空间内。将阳台两边设计为地台，让空间变得有层次，满足休闲玩耍的同时，也没抛弃掉阳台的功能。没有采用传统笨重的晾衣架，取而代之的是伸缩晾衣绳，既美观也可达到实用目的。

图 3-111　北京紫钰公司提供　　　　图 3-112　北京紫钰公司提供

厨房（图 3-113）以纯净的原木色白色贯穿，营造出通透利落的视觉空间，地面采用浅灰色地砖和木地板不规则拼接，同时也让白色空间不会过于单调。

主卧室（图 3-114）在白色原木色基调下，以美丽而静谧的浅灰色墙面作为背景，采用床头背光以及床头吊灯作为辅助光源。

图 3-113　北京紫钰公司提供　　　　图 3-114　北京紫钰公司提供

儿童房（图 3-115）做高低床，错位高低床可显得整个空间利用率更高，作为儿童房以及学习区，收纳空间可以做到最大化视觉感受。

二层的居室（图 3-116 ~图 3-118）主要以白色墙面为主，斜顶顶面房梁采用不规则梁来满足女主的需求——二层是女主和爱人的活动空间，女主希望整个空间更年轻化更有活力。

图 3-115　北京紫钰公司提供　　　　图 3-116　北京紫钰公司提供

图 3-117　北京紫钰公司提供　　　　图 3-118　北京紫钰公司提供

主卧（图 3-119）阳光洒入、微风几许，一片岁月静好。暖色床品、软装挂饰搭配，营造出宁静淡雅的睡眠环境。整体色调偏暖，简约温暖舒适，床头的小吊灯在夜晚照亮属于自己的小天地，斜面柜子弱化了整个房间的斜面吊顶。

卫生间（图 3-120）白色底黑色纹理砖，显得整个空间干净敞亮，具有拉伸视觉效果的作用。木质的洗手盆柜体凸显北欧风格，白色瓷质洗手盆，显得格外通透，绿植的点缀使得整个空间生动有趣。

图 3-119 北京紫钰公司提供　　　　　图 3-120 北京紫钰公司提供

3.16 家装个性化案例（十六）

项目来源：大连缘聚装饰装修工程有限公司装修项目

项目地址：大连市金地檀境小区

设计风格：北欧原木风

建筑面积：116 平方米、三室二厅一厨一卫

施工工期：99 天

装修造价：硬装 8.2 万元、主材 13 万元、设计费 0.9 万元、家电 10 万元

大连缘聚装饰公司在经营上以建筑、装饰为主体，十多年来先后完成省、市、区多个大中型工程，包括机关、企事业单位办公大楼修建装饰，宾馆、餐馆等装饰项目。同时，家庭装修私人住宅近万套。公司总部设在中国大连甘井子区。

设计说明：整体使用北欧风格，以原木为主。木材可以说是北欧风格的灵魂，它讲究贴近于大自然，融入于大自然，这也是北欧风格最大的特点之一。

客厅。走进装修好的客厅之内（图 3-121、图 3-122），首先进入眼帘的是电视背景墙，电视采用内嵌式，以石膏板为衬底框架。电视下方 40 厘米为原木色定制格板，与落地电视柜做出很好的错落感。沙发侧做储物性书柜，中间镂空，可放装饰物。阳台柜做了侧柜设计，呼应对称。阳台柜不以整面形式出现，空间整体感不拥堵。顶面设计，整体做中央空调，无主灯设计，造型美观。

　　主卧顶面无主灯（图3-123），以单面垂灯作为床头采光，另一面为明装吊灯，清新活泼。棚顶以波浪弧形出现，与阳台梁衔接，为整体棚顶添加视觉美感。墙面设计为浅灰颜色，与棚面做出背景感觉。阳台做书桌设计，整体柜体到棚面，储物增加，平板设计感觉整洁。

图 3-121　大连缘聚装饰公司提供

图 3-122　大连缘聚装饰公司提供

图 3-123　大连缘聚装饰公司提供

图 3-124　大连缘聚装饰公司提供

　　儿童房整体弧形边吊棚顶（图3-124），活泼有层次。灯具使用"糖果灯"，墙面云朵壁纸，充满童趣。使用高低床，节省空间，储物增加。

　　开放式餐厅（图3-125、图3-126）整体橱柜设计吊柜，吊柜靠窗位置设计镂空。不影响采光，增加储物。柜体设计两种颜色搭配，美观精致。吊灯设计，玻璃透明。木色六人整体餐桌板。地板与卫生间衔接位置，设计为花砖与地板拼接。

图 3-125　大连缘聚装饰公司提供　　图 3-126　大连缘聚装饰公司提供

3.17　家装个性化案例（十七）

项目来源：石家庄三林装饰工程有限公司装修项目

项目地址：石家庄市如园小区

设计风格：美式轻奢风

设计师：张旭（首席设计师）

建筑面积：128 平方米、三室二厅一厨一卫

施工工期：92 天

装修造价：硬装 4.8 万元、设计费 0.6 万元、主材 5.8 万元、软装 7.6 万元

石家庄三林装饰公司成立于 2006 年，秉承"踏实做人，诚信做事"的经营理念，为客户提供家装设计、施工、建材等全方位综合服务，并以优秀的服务积累了业界诸多好评，于 2016 年成为石家庄家装一线装饰企业。

设计说明：整体以美式轻奢风格为主，低调奢华透露出品质生活格调。以不同材质的碰撞来丰富整个空间，以同一个色系的深浅变化来体现空间的统一性和灵动性，再加以金属条的修饰，将品质生活表现得淋漓尽致。

客厅。客厅区域（图 3-127 ~图 3-129）以雾霾蓝色为主，在软装上选取抽象几何挂画的橙色作为跳色，与抱枕、地毯及软装配饰互相呼应，使整体空间在统一的基础上又传递出了居者的艺术品位。电视墙用大理石材质，再搭配上玫瑰金属纯条的装饰，凸显出了空间的层次感，并且赋予优雅轻奢的质感。

餐厅空间不是太大（图 3-130），所以在整体设计上没有做太多的装饰。考虑到餐厅没有紧靠厨房，在空间上增添了一个餐边柜，不仅可以满足正常生活上的需求，更能和家庭装修相呼应，成为家庭的装饰者。

图 3-127　石家庄三林装饰公司提供

图 3-128　石家庄三林装饰公司提供

图 3-129　石家庄三林装饰公司提供

图 3-130　石家庄三林装饰公司提供

主卧根据业主要求（图 3-131、图 3-132）不放储物柜，但又得满足正常生活上的需要。在窗户下边做了一个飘窗柜来满足功能需求，起到一个床尾凳的作用。卫生间的门采用了斜面设计，增大了卧室的空间，并带来一些趣味性。

图 3-131　石家庄三林装饰公司提供

图 3-132　石家庄三林装饰公司提供

第4章 套餐、旧房改造案例

4.1 套餐旧房改造案例

　　项目来源：北京佳时特装饰工程有限公司装修项目

　　项目地址：北京市 SOHO 现代城小区

　　设计风格：日式原木风

　　设 计 师：曾巧芬（高级设计师）

　　建筑面积：87 平方米、二室一厅一厨一卫

　　施工工期：92 天

　　装修造价：6 万元（不含主材）、设计费 0.7 万元、主材 11 万元

　　北京佳时特公司，近年来开展了专门为老房装修改造的服务，在旧房老房设计施工上，积累了大量实际经验，提供全面多类别、多品牌的配套主材服务，为客户提供真正意义上的"一站式服务"。仅 2019 年就为京城 3000 多户老房业主，提供了咨询施工服务。

　　设计说明：本案是一个两居室老房子。户主从事金融行业。房子是由夫妻二人居住，家中老人偶尔来住。因为户主经常出差，生活节奏比较快，所以希望装修风格在实用的情况下，整体要温馨、干净、舒适。

　　本案例整体空间改动比较大（图 4-1、图 4-2）。厨房、卫生间功能区扩大，更加实用。卧室增加了衣帽间，衣物收纳空间增加的同时，整体卧室更加舒服实用。房屋顶面整体吊平顶，内嵌筒灯，无任何主灯，使整体空间灯光有层次，同时，空间视野更加简洁明了。墙面装饰了衣柜同色原木色护墙板，与衣柜呼应，同时使整体空间更加统一、柔和。

　　客厅（图 4-3）。客餐厅厨房一体。厨房改成开放式，使整体客餐厅空间变大，同时，开放式厨房让整个空间增加了互动性。原户型门厅狭长，从门厅进来还有一个狭长的过道，导致入户门一进来，过道黑暗。新的方案将原来主卧位置和客

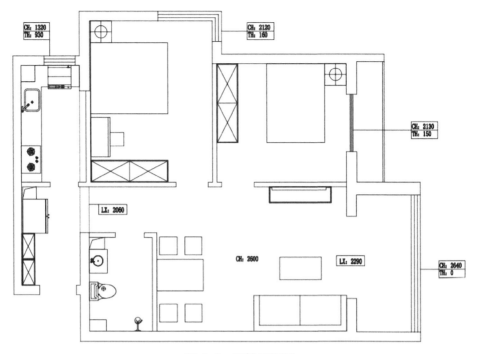

图 4-1　原始平面图

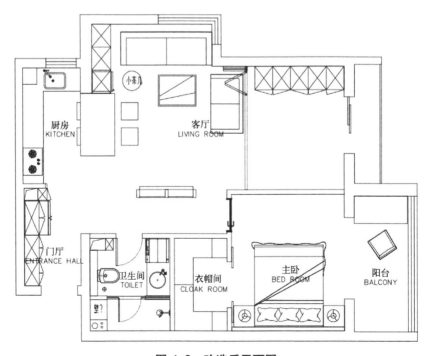

图 4-2　改造后平面图

图 4-3 北京佳时特装饰公司提供

厅位置对调，入户进来，穿过门厅，即可看到明亮的客厅。因为平时只有两口人，餐桌区域既可以当餐厅，也可以当办公区域，餐桌旁边的收纳柜当书架，使餐厅功能更加多元化。

客餐厅（图 4-4）主要看拐角沙发后推拉门里的空间，这个空间是隐形卧室，一整面衣柜实际是墨菲床，平时嵌入柜子里，黑色推拉门敞开，增加客厅空间和采光。如父母或朋友过来，也可以当作休息的卧室。功能自由有趣味。

图 4-4 北京佳时特装饰公司提供

门厅（图 4-5）设计整体和原户型一样，进门左手边一排同顶鞋柜，原木色，墙面白色，搭配起来干净柔和。鞋柜灯带的设计与吊顶灯带设计，增加了空间的延伸性。

121

卧室（图4-6）由原来12.4平方米，变成了19.5平方米，增加了衣帽间和休闲阳台，功能性也丰富了。步入式衣帽间收纳功能好。卧室采用无主灯设计，只留筒灯和床头柜吊灯。搭配白墙原木色地板，简洁不燥，使人放松易入睡。

图4-5　北京佳时特装饰公司提供　　图4-6　北京佳时特装饰公司提供

卫生间（图4-7）。随着装修材料的更新，卫生间的设计也越来越重要了。卫生间属于功能区，一直有金厨银卫的说法，可见卫生间装修越来越重要了。一直以来，日式的卫生间设计做得很不错。日本的卫生间通常会设计成三分离，即淋浴、水盆、马桶区域完全分离。这样做有两个好处，一是干湿区域划开，方便打理。二是家人可以同时使用这些区域，互不打扰。考虑户主的卫生间空间和人口数量，本案的卫生间只做了两分离——干湿分离，即淋浴区单独一个空间。整体卫生间空间比原来空间扩大了，由原来的3.9平方米变成了5平方米。洗衣机也收进了卫生间。洗衣机和水盆一体，台面增加，增加了使用率。

图4-7　北京佳时特装饰公司提供

4.2　家装套餐案例（一）

项目来源：石家庄三林装饰工程有限公司装修项目

项目地址：石家庄市果岭湾小区

设计风格：现代轻奢风

设 计 师：王馨（高级设计师）

建筑面积：135 平方米、三室二厅一厨一卫

施工工期：95 天

装修造价：硬装 5.8 万元、主材 7.2 万元、设计费 0.8 万元、家装电器业主自购

石家庄三林公司建成于 2018 年的整体生态家居体验中心，有二千多平方米的家居建材馆，云集了地板、地砖、门、橱柜等实物展示，卫生间规划，橱柜厨具套装展示，配饰风格化场景的组合展示，用色彩搭配多角度地开启家居新体验。

设计说明：整体使用现代轻奢风格，以金属、大理石、皮革制品的中性色调为主，这种质感十足的选材能完美地凸显出轻奢风格的低调奢华，用色彩的纯度传递细腻的质感。

造型简洁、线条流畅的家具组合搭配，营造出稳定、协调、温馨的空间感受，满足现代年轻家庭的轻奢需求。

客厅。此户型的客厅比例比较宽敞（图 4-8、图 4-9），最大限度地利用空间，让视觉空间看起来很宽敞。灯光为中性光，效果也很好，不失温馨并兼具时尚。整个客厅在视觉上舍弃张扬，通过对线条与色块的巧妙应用，营造出舒适轻松的空间感。在客厅家具方面，采用皮质焦糖色与牛奶咖啡色色调和金属元素点缀，营造平静而不失时尚的氛围。地砖和背景墙的颜色则选取低调又不失尊贵的灰色调，传递"轻奢华、新时尚"的生活理念。

图 4-8　石家庄三林公司提供　　　　图 4-9　石家庄三林公司提供

餐厅。轻盈奢华的开放式餐厅（图4-10、图4-11），整体采用精致的白色橡木方形导台，搭配黄梨花的颜色复古橱柜，吊柜在靠窗边位置，不影响采光。餐边柜镶嵌冰箱的设计采用两种颜色、不同材质搭配，优雅精致。吊灯的圆形设计，找到整个餐厅"奢侈、生活、品味、享受"之间的平衡，在影响与被影响之间找到突破点，整体比例和谐，造型精炼，通过细节和色彩勾勒出一个精致优雅的轻奢空间，彰显低调与浪漫。黑白材质的四人餐桌，优雅浪漫，更加渲染浪漫的就餐氛围。地面设计为地砖，与厨房通体衔接，加强了整体性。

图 4-10　石家庄三林公司提供　　　　图 4-11　石家庄三林公司提供

主卧。与业主的职业、喜好相结合（图4-12）。床头背景墙注重高品质与设计感，将优雅时尚的质感结合现代材质及装饰技巧，从而巧妙地呈现在卧室中。这种高级感不是单靠一种细节或一种元素，它往往是多个细节元素组合而来，优雅、舒适、简约而有气质。以丰饶的创意表达生活内涵和当代气质，将空间具化为实

图 4-12　石家庄三林公司提供　　　　图 4-13　石家庄三林公司提供

用与美学交织相融的生命体，赋予空间轻奢、雅致而舒适的生活氛围，搭配上合适的灯光，展示着一种无负担、精致高端的生活态度。

卫生间。采用干湿分离（图 4-13），取天圆地方的灵感，以圆形镜子搭配灰色柜体、黑白大理石花色台面浴室柜。背景墙面半截红色的设计也成为一大亮点。

4.3　家装套餐案例（二）

项目来源：南京沪青装饰公司装修项目

项目地址：南京市平湖景房小区

设计风格：现代极简

设 计 师：史京展（高级设计师）

建筑面积：115 平方米、二室二厅一厨一卫

施工工期：90 天

装修造价：6 万元（半包不含主材）、设计费 0.5 万元

南京沪青装饰自 2011 年连续获得"绿色环保装修企业""江苏省质量信得过优秀单位""江苏十佳诚信装饰单位"等称号。通过多年发展，被评为土巴兔 2019 年度全国"质量领先企业"，在金陵古都家装市场占有重要地位。

设计说明：因原房子储物空间不够使用，通过对户型的设计改造，不仅装出大客厅、大厨房，还有更胜北欧风的现代极简风。通过对厨房、卫生间及衣帽间的改造，极窄的黑色门套加局部木饰面颜色使空间更有活性。

餐厅以白色为底（图 4-14），搭配木质元素，勾勒出温润舒适的氛围。并借由开放式的布局，可以依据需求进行休憩、宴客、就餐。餐桌旁柱子是之前厨房水管木饰面包饰，整体性更强。进门处换鞋凳上方放置镜子也是女业主喜欢点之

图 4-14　南京沪青公司提供　　　　图 4-15　南京沪青公司提供

一。客厅沙发位置改变（图 4-15），原放在窗户下面，背景墙比较偏，看电视坐姿不是很舒服，通过增加玻璃隔断来改变沙发位置，把阳台门和客卧门作对称来增加电视背景墙效果。

餐厅加开放式厨房（图 4-16），在动线上合理的同时增加厨房的储物空间，冰箱隐藏化，地柜、吊柜作两色处理，更为突出整体效果。厨房采取 U 形布局，完整了洗、切、煮等区域规划，满足烹调需求。主卧加衣帽间（图 4-17）极窄边框房门连体踢脚线、门板加长条式拉手，无形当中给极简风增加了活力，柜体板颜色通过灯光的照映更为大气。

图 4-16 南京沪青公司提供

图 4-17 南京沪青公司提供

休闲阳台（图 4-18）。业主喜欢看书，休闲时光给生活增添色彩，2.4 米大型落地窗，俯瞰百家湖全景，是亲戚朋友来做客的必选之地。

实景照片拍摄时间不同，夜景更美。电动弧形窗帘使用更为方便，看着美景，感受这惬意生活。洗漱台（图 4-19）从卫生间里移至外面，再以黑色透明玻璃隔断与卫生间为界。镜柜采用网红镜触摸式开关科技。

图 4-18 南京沪青公司提供

图 4-19 南京沪青公司提供

4.4 家装旧房改造案例（一）

项目来源：四川惠天下装饰工程有限公司装修项目

项目地址：成都大魔方小区

设计风格：现代简约小清新风

设 计 师：周宇航（高级设计师）

建筑面积：40 平方米、一室一厅一卫

施工工期：70 天

装修造价：6.2 万元、设计费 0.5 万元

设计说明：这套小户型的空间，能让繁忙的人在偌大的城市中安家下来，虽小，却来得格外有意义。小平层空间，利用几何与不规则图形点缀墙面和木纹板饰，让小户型的家也有了舒心和温馨。

入户门就是客厅和橱柜的位置（图 4-20），做一个小沙发。客厅、墙边的内嵌空间做了书桌和墙面书柜，简洁的线条和格子，收纳方便。还有一个小餐桌和隔断半墙，小木板饰装点了墙面（图 4-21），小客厅地毯也是绚烂多彩的三角状（图 4-22）。橱柜与厨房一侧整个空间偏向暖色系（图 4-23、图 4-24），地柜原木色，吊柜封漆银色，中层空间作了仿古砖的灵动处理，烹饪也更加舒服。

图 4-20　四川惠天下公司提供　　图 4-21　四川惠天下公司提供

墙面背侧是较大的卧室（图 4-25），用木色和褐色装点，书桌旁有一个原木色木板制成了两侧衣柜。从卧室纵览小客厅，有这个小窝，抛去喧嚣，享受宁静。

卫生间（图 4-26）的空间还是较大的，墙砖选择了灰色系不同花纹纹路的仿古砖，浴室做了一个接壤天花板的浴柜（图 4-27），将洗衣机隐藏于角柜一侧，台上盆配封釉厚层木板仿古砖侧墙，横层则用了白色砖，浴缸作了半开放式处理。

图 4-22 四川惠天下公司提供

图 4-23 四川惠天下公司提供

图 4-24 四川惠天下公司提供

图 4-25 四川惠天下公司提供

图 4-26 四川惠天下公司提供

图 4-27 四川惠天下公司提供

4.5　家装旧房改造案例（二）

项目来源：北京泰峰伟业装饰设计有限公司装修项目

项目地址：北京市西城区富国里小区

设计风格：现代简约

设 计 师：张兴龙（高级设计师）

建筑面积：59 平方米、二室二厅一厨一卫

施工工期：75 天

装修造价：4.5 万元（半包不含主材）、设计费 0.5 万元

北京泰峰伟业公司业务包含：老房设计、店铺商业设计、IT 办公室设计、明档设计、公寓改造设计。从咨询、设计、预算到材料采购，以全透明、全方位的方式来确保顾客的利益，赢得广大顾客的信任，是京城多年老字号家装企业之一。

设计说明：业主是一对年轻夫妻和一个刚满一岁的宝宝。设计以简约的表现形式来满足人们对于简约却不简单的居室环境的要求。由于现代人快节奏、高频率以及满负荷的生活状态，导致人们在一天的工作之余，想要得到一个简约型的空间来放松心灵，回归简单、自然的生活。

原始户型中，厨卫面积狭小，需最大化利用这两个空间。户型有双阳台，感觉面积浪费，希望居住空间在未来有一定的弹性，例如给宝宝的活动空间。回字形玄关（图 4-28），增加小户型的收纳，让整个动线更加流畅。

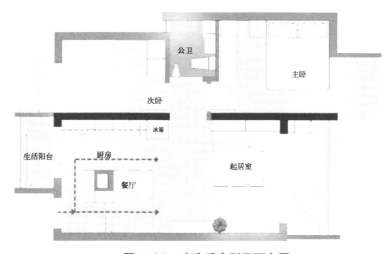

图 4-28　改造后户型平面布置

客厅不一定要沙发、茶几、电视墙老三套，书桌、地台、懒人沙发都颠覆了常规的摆放（图 4-29），不寻常的摆放妥妥办起来。

图 4-29　北京泰峰伟业装饰公司提供　　　图 4-30　北京泰峰伟业装饰公司提供

　　餐厅的餐区和起居室的中间，摆上最爱的琴叶榕，配合木作斗柜（图 4-30），打造出十足的"日剧小清新"风格。

　　原南面阳台，封窗并进室内，做成地台。设定是一块多功能区，作为屋主休息放松的地方（图 4-31、图 4-32）。高度仅为 12 厘米的地台就可以完美化身为亲子区，铺块游戏毯，宝宝就在上面练习翻身、爬行、走路……

图 4-31　北京泰峰伟业装饰公司提供　　　图 4-32　北京泰峰伟业装饰公司提供

　　改造后的厨房，由于没有隔墙的阻挡，空间虽小却通透亮堂（图 4-33）。根据屋主的生活习惯，做了高低台面，空间虽然有限，但备菜区和置菜区还是留足了所需面积。舒适的厨房会让人愿意尝试一下下厨的乐趣。

　　卧室选用浅木色家具的床头柜和同色系的地板完美呼应（图 4-34）。绿色的窗帘及床头背景都能给人一种清新的感觉，让人对生活充满了向往。

图 4-33　北京泰峰伟业装饰公司提供　　　图 4-34　北京泰峰伟业装饰公司提供

卫生间地台左侧打造出一个洗漱区（图 4-35），用以弥补原面积的不足。浴室折叠门（图 4-36），是小户型浴室的居家必备，轻松省出至少 35 厘米空间，在户型受限、无法使用推拉门的情况下，解决了原卫生间门同马桶因间距过小产生"冲突"的问题。

图 4-35　北京泰峰伟业装饰公司提供　　　图 4-36　北京泰峰伟业装饰公司提供

第5章 家装套餐工程项目施工要点解析

2020年以来，全国家装套餐产品交易在整个装修行业内已相当普遍。广大消费者也乐于接受这种省事的施工服务方式，但对套餐施工区域、子项目名称、子项目施工内容、施工要点还不是很清楚。套餐合同的套餐知识内容专业性较强，在实际设计洽谈、运营服务、交付工程中，容易引起甲乙双方产生理解和认知上的不一致，进而误解、误会，影响工程竣工的纠纷事件时有发生，影响装饰企业的服务、信誉、口碑。本章对套餐的子项目施工内容、要点作了解析说明，避免了因施工要点、内容不明确产生的问题。

5.1 套餐产品施工项目要点表

套餐产品施工项目要点表 表 5-1

区域	工程项目	项目内容	单位	施工工艺、要点解析
客厅、餐厅、阳台、走廊	地面	刷地固	m²	地面清理，少量清水湿润地面，涂刷地固一遍
	地面	木地板地面找平	m²	1:3水泥砂浆找平，表面压光厚度≤30mm
	地面	地砖铺装（200mm＜窄边规格＜800mm）	m²	地面地砖铺装200mm＜窄边规格＜800mm，水泥砂浆正铺，缝宽≤3mm，不含特殊基层处理
	地面	地砖勾缝剂勾缝（窄边＞150mm）	m²	专用勾缝剂勾缝，缝宽≤3mm，不含特殊基层处理
	地面	过门石安装	m	水泥砂浆或建筑胶铺贴，宽≤300mm，长度不足1000mm按1000mm计算
	墙面	粘贴网格布	m²	轻体墙涂刷白乳胶、粘贴纤维网格布
	墙面	墙面石膏顺平	m²	石膏顺平，顺平厚度≤5~10mm
	墙面	墙面涂刷界面剂	m²	刷界面剂一遍

区域	工程项目	项目内容	单位	施工工艺、要点解析
客厅、餐厅、阳台、走廊	墙面	涂刷乳胶漆	m²	刮2~3遍墙衬、砂纸打平、打磨，涂刷底漆一遍面漆两遍，整套房屋内含三种颜色（含白色）。乳胶漆品牌：面漆多乐士至尊家丽安无添加，底漆无添加
	墙面	阳角周正找直	m	墙面与墙面之间形成的阳角找直处理，周正找直
	顶面	顶面石膏顺平	m²	石膏顺平，顺平厚度≤5~10mm
	顶面	顶面刷界面剂	m²	刷界面剂一遍
	顶面	涂刷乳胶漆	m²	刮2~3遍墙衬、砂纸打平、打磨，涂刷底漆一遍面漆两遍，整套房屋内含三种颜色（含白色）。乳胶漆品牌：面漆多乐士，底漆多乐士至尊抗碱无添加
	顶面	石膏花线（90mm×90mm）	m	快粘粉粘贴石膏花线（90mm×90mm），接缝处打磨修补，刷乳胶漆
卧室及阳台	地面	刷地固	m²	地面清理，少量清水湿润地面，涂刷地固一遍
	地面	木地板地面找平	m²	1:3水泥砂浆找平，表面压光厚度≤30mm
	地面	地砖铺装（200mm<窄边规格<800mm）	m²	地面地砖铺装200mm<窄边规格<800mm，水泥砂浆正铺，缝宽≤3mm，不含特殊基层处理
	地面	地砖勾缝剂勾缝（窄边>150mm）	m²	专用勾缝剂勾缝，缝宽≤3mm，不含特殊基层处理
	地面	过门石安装	m	水泥砂浆或建筑胶铺贴，宽≤300mm，长度不足1000mm按1000mm计算
	墙面	粘贴网格布	m²	轻体墙涂刷白乳胶、粘贴纤维网格布
	墙面	墙面石膏顺平	m²	石膏顺平，顺平厚度≤5~10mm
	墙面	墙面刷界面剂	m²	刷界面剂一遍
	墙面	涂刷乳胶漆	m²	刮2~3遍墙衬、砂纸打平、打磨，涂刷底漆一遍面漆两遍，整套房屋内含三种颜色（含白色）。乳胶漆品牌：面漆多乐士至尊家丽安无添加，底漆多乐士至尊抗碱无添加
	墙面	水泥砂浆修正门洞	m	水泥砂浆抹灰找平，厚度≤20mm
	墙面	阳角周正找直	m	墙面与墙面之间形成的阳角找直处理，直角周正找直
	顶面	顶面石膏顺平	m²	石膏顺平，顺平厚度≤5~10mm
	顶面	顶面刷界面剂	m²	刷界面剂一遍
	顶面	涂刷乳胶漆	m²	刮2~3遍墙衬、砂纸打平、打磨，涂刷底漆一遍面漆两遍，整套房屋内含三种颜色（含白色）。乳胶漆品牌：面漆多乐士至尊家丽安无添加，底漆多乐士至尊抗碱无添加

续表

区域	工程项目	项目内容	单位	施工工艺、要点解析
卧室及阳台	顶面	石膏花线（90mm×90mm）	m	快粘粉粘贴石膏花线（90mm×90mm），接缝处打磨修补，刷乳胶漆
厨房及阳台	地面	刷地固	m²	地面清理，少量清水湿润地面，涂刷地固一遍
	地面	地砖铺装（200mm＜窄边规格＜800mm）	m²	地面地砖铺装200mm＜窄边规格＜800mm，水泥砂浆正铺，缝宽≤3mm，不含特殊基层处理
	地面	地砖勾缝剂勾缝（窄边＞150mm）	m²	专用勾缝剂勾缝，缝宽≤3mm，不含特殊基层处理
	地面	过门石安装	m	水泥砂浆或建筑胶铺贴，宽≤300mm，长度不足1000mm按1000mm计算
	墙面	贴墙砖（150mm＜窄边≤450mm）	m²	原墙面清理干净，凿毛处理或素灰加胶拉毛，水泥砂浆实贴。墙砖规格：150mm＜窄边规格≤450mm，水泥砂浆正铺
	墙面	墙砖勾缝剂勾缝（窄边＞150mm）	m²	专用勾缝剂，缝宽≤3mm
	墙面	水泥砂浆修正门洞	m	水泥砂浆抹灰找平，厚度≤20mm
	墙面	厨房包立管	m	轻体砖砌筑包管，挂网水泥砂浆抹灰，厨房限1根（两面，周长≤1000mm）
	墙面	管道静音处理	m	橡塑海绵包管道，白色塑料布缠绕保护。仅房屋内主排水管道包静音，含弯管
	墙面	瓷砖倒角	m	瓷砖阳角处现场手工加工倒角、磨边
	安装	烟道止回阀	个	（DN150~180）提供止回阀及安装
	安装	水槽及水槽配件安装	套	含水槽、水槽龙头、八字阀及给水排水管安装，中性透明玻璃胶封边
卫生间	地面	刷地固	m²	地面清理干净，少量清水湿润地面，涂刷地固一遍
	地面	地面找平、找坡	m²	1:3水泥砂浆找平、找坡，表面压光，厚度≤30mm
	地面	地面防水处理	m²	地面清理，抹防水灰浆2遍，从地面上返300mm。做24小时蓄水试验
	地面	地砖铺装（200mm＜窄边规格＜800mm）	m²	地面地砖铺装200mm＜窄边规格＜800mm，水泥砂浆正铺，专用勾缝剂勾缝，缝宽≤3mm，不含特殊基层处理
	地面	地砖勾缝剂勾缝（窄边＞150mm）	m²	专用勾缝剂勾缝，缝宽≤3mm，不含特殊基层处理
	地面	过门石安装	m	水泥砂浆或建筑胶铺贴，宽≤300mm，长度不足1000mm按1000mm计算
	地面	地砖勾缝剂勾缝（窄边＞150mm）	m²	专用勾缝剂勾缝，缝宽≤3mm，不含特殊基层处理

续表

区域	工程项目	项目内容	单位	施工工艺、要点解析
卫生间	地面	过门石安装	m	水泥砂浆或建筑胶铺贴，宽 ≤ 300mm，长度不足 1000mm 按 1000mm 计算
	墙面	墙面水泥砂浆找平（厚度 ≤ 20mm）	m²	墙面水泥砂浆打底找平（厚度 ≤ 20mm）
	墙面	墙面防水处理	m²	卫生间面积 ≤ 3m²，墙面通刷 1800mm；卫生间面积 > 3m²，淋浴区抹防水灰浆从地面上返 1800mm；24 小时蓄水试验
	墙面	贴墙砖（150mm < 窄边 ≤ 450mm）	m²	原墙面清理干净，凿毛处理或素灰加胶拉毛，水泥砂浆实贴。墙砖规格：150mm < 窄边规格 ≤ 450mm，水泥砂浆正铺
	墙面	墙砖勾缝剂勾缝（窄边 >150mm）	m²	专用勾缝剂，缝宽 ≤ 3mm
	墙面	水泥砂浆修正门洞	m	水泥砂浆抹灰找平，厚度 ≤ 20mm
	墙面	包立管	m	轻体砖砌筑包管，挂网水泥砂浆抹灰，卫生间限 1 根（两面，周长 ≤ 1000mm）
	墙面	管道静音处理	m	橡塑海绵包管道，白色塑料布缠绕保护。仅房屋内主排水管道包静音，含弯管
	墙面	瓷砖倒角	m	瓷砖阳角处现场手工加工倒角、磨边
	安装	射灯	个	套内安装、接线、调试含材料，每个浴室空间 1 个
	安装	马桶安装	套	留堵洞、搬运、外观检查、器具稳装、水箱及附件安装、与给水排水管连接、试水。含金属软管及角阀安装
	安装	面盆龙头安装	套	面盆龙头、金属软管、角阀安装、排水管安装及调试
	安装	淋浴花洒安装	套	淋浴花洒及花洒杆安装
	安装	地漏安装	个	地漏安装
	安装	洗衣机地漏安装	个	洗衣机地漏安装
	安装	洗衣机龙头	个	洗衣机龙头安装
	安装	小五金安装	个	毛巾杆、厕纸盒等五金件安装
	安装	淋浴帘杆安装	套	淋浴帘杆安装
	安装	风道止逆阀	个	（$DN80 \sim 110$）提供止回阀及安装
全屋	水电	整改水电包	m²	开关插座配置详见附件开关插座配置说明。水电路改造详见附件水电包说明
	拆除	整改拆除包	m²	详细内容见附件拆除修复包——拆除项目
	措施项目	成品保护（保护膜）	m²	施工过程中对铺装完毕地板、地砖、内门、插座、开关面板、阳角等进行保护膜保护

区域	工程项目	项目内容	单位	施工工艺、要点解析
全屋	措施项目	新房垃圾清运	m²	1. 从施工现场运至物业指定小区内垃圾堆放处；2. 垃圾用编织袋等封装；3. 此价格不含垃圾外运费用；4. 此项费用不包括物业收取的垃圾费
	措施项目	材料搬运费（无电梯 1 层、有电梯）	m²	材料搬运（含辅材、墙地砖、洁具、五金、烟机灶具）
	措施项目	材料搬运费（无电梯 2 ~ 3 层）	m²	材料搬运（含辅材、墙地砖、洁具、五金、烟机灶具）
	措施项目	材料搬运费（无电梯 4 ~ 6 层）	m²	材料搬运（含辅材、墙地砖、洁具、五金、烟机灶具）
	措施项目	开荒保洁	m²	施工完毕精保洁

5.2　套餐产品说明

（1）产品内如遇房高超过 2.8m，超出部分根据乙方（公司）标准报价收取。房高超过 3.6m 必须租借脚手架施工的情况，脚手架费用另计，按乙方（公司）标准报价收取。

（2）产品内顶面施工项目以平顶为标准施工对象，异形顶超出部分根据乙方标准报价收取（异形顶展开面积 – 异形顶水平阴影面积 = 超出部分）。

（3）当整屋内有多个卫生间或者多个厨房间的时候，只包含一个最大面积的卫生间和一个最大面积的厨房间（视为标准整包户型）。每增加一个卫生间或者厨房间，需另外在空间包中的卫生间或者厨房间内增加相应的订货需求。

（4）在适用户型需求范围内，一个空间区域的门，如厨房，上限一樘门（不含厨房阳台门及厨房储藏室门）。

（5）别墅、复式、内错层户型、自建房（个人住宅或者单位公寓）等超大型或者特殊结构户型，主材包的整包标准配置，难以覆盖实际面积和户型结构的，请与设计部负责人以及设计师，到实体店主材展示体验厅，单独进行主材配置和核价计算。即标准整包户型以外，另行安排计算。

（6）产品内包含的所有部品项目，均不允许做减项、折抵。

（7）产品工期说明。

1）木产品工期：按房屋建筑面积大小，确定工作日。

2）为了维护双方的利益，双方权利义务均以书面协议为准（包括主合同及合同附件、产品说明等），任何口头承诺均属无效。本产品是为主合同《家庭居室装饰装修工程施工合同》补充说明。

5.3 家装套餐附件表

5.3.1 开关插座参考配置表

户型	开关插座标配数量	单联单控 / 双联单控 / 三联单控开关 / 三孔插座 / 五孔插座 / 防溅三孔插座 / 防溅五孔插座	特殊插座（适用所有户型）
		开关插座参考配置表	表 5-2
一室一卫	41	31 ~ 37	
二室一卫	49	38 ~ 45	TP/TO 双端口插座
三室一卫	65	55 ~ 60	
四室一卫	72	60 ~ 65	TV 插座
五室一卫	80	63 ~ 68	
二室二卫	65	55 ~ 65	五孔带开关插座
三室二卫	72	60 ~ 65	
四室二卫	80	63 ~ 68	双联双控开关
五室二卫	87	70 ~ 78	
三室三卫	80	63 ~ 68	单联双控开关
四室三卫	87	70 ~ 78	
五室三卫	95	80 ~ 85	
四室四卫	95	80 ~ 85	孔带 USB 插座
五室四卫	105	90 ~ 95	

5.3.2 附件表说明

（1）测量个性定制类需求的产品，运营商在上门房型测量时，需要提前通知相关品牌的测量人员共同参与测量，以便快速出图、确认设计方案、确认价格送货。

（2）送货：主材包商品免费负责送货上楼，但限两次送货（瓷砖类一次；其他成品一次）。

（3）安装：除瓷砖不包铺贴外，其余商品均包安装服务。

（4）客户下单时需一次性确定好产品型号、颜色、数量，下单后如因客户原因再补充产品则按相应的市场价另行收取费用。

关于退、换、补货细则：

（1）不可退、换货范围。定制品、残损商品、无包装商品、已使用商品（有质量问题除外）及出货时间在 2 个月以上、已下单且在运输途中的产品。

（2）补货。产品补货只按同品类、同型号补货；补货产品会有一定的色差；

补货产品按市场价计价（限特殊原因导致的预算不足、破损或丢失等情形）。

5.4 套餐水电项目包

（1）原则说明：水电包中水、电路改造均为全部改造。

（2）详细配置说明表。

详细配置说明表

表 5-3

说明	项目名称	包含项目	数量说明	施工项目备注说明
水电包标准配置	强电箱	材料及施工	1 套	
	弱电箱	材料及施工	1 套	
	$\phi50$ 或 $\phi75$	材料及施工	共 5m	室内排水支管（$\phi50$ 或 $\phi75$）改造共 5m
	10mm² 或 6mm² 线	材料及施工	共 10m	入户电缆（10mm² 或 6mm² 线）布管穿线改造共 10m
	厨房冷水点	材料及施工	2 个	洗菜盆、热水器冷水给水点，$\phi20/25$PPR 管水路改造
	厨房热水点	材料及施工	2 个	洗菜盆、热水器热水给水点，$\phi20/25$PPR 管水路改造、开槽、开过墙洞及水泥砂浆抹平，打压试水
	卫生间冷水点	材料及施工	5 个	洗面盆、淋浴、马桶、洗衣机、墩布池冷水给水点，$\phi20/25$PPR 管水路改造、开槽、开过墙洞及水泥砂浆抹平，打压试水。此标准为 1 个卫生间配置，增加 1 个卫生间配置同原有卫生间
	卫生间热水点	材料及施工	2 个	洗面盆、淋浴热水给水点，$\phi20/25$PPR 管水路改造、开槽、开过墙洞及水泥砂浆抹平，打压试水。此标准为 1 个卫生间配置，增加 1 个卫生间配置同原有卫生间
	水表移位	施工	1 个	室内水表移位改造，位置不限，赠送 $\phi25$ 球阀 1 个，水表移位改造（不含水表）
	网络线	材料及施工	2 路	原网络线缆（客厅 1 路和主卧 1 路）共 2 路布管穿线。水电包内电话线、网络线、电视线共 6 路，根据需求可调整（如：电话线调换电视线 / 网络线）
	电话线	材料及施工	1 路	原电话线缆布管穿线。水电包内电话线、网络线、电视线共 6 路，根据需求可调整（如：电话线调换电视线 / 网络线）

139

说明	项目名称	包含项目	数量说明	施工项目备注说明
水电包标准配置	电视线	材料及施工	3 路	原有线电视线缆（客厅 1 路、主卧 1 路、次卧 1 路）全屋共 3 路布管穿线。水电包内电话线、网络线、电视线共 6 路，根据需求可调整（如：电话线调换电视线/网络线）
	轻质墙开补槽	施工	米数不限	测量定位、开槽，槽深 ≤ 30mm，高强石膏补槽，厨卫使用水泥砂浆补槽
	混凝土墙开补槽	施工	米数不限	测量定位、开槽，槽深 ≤ 30mm，高强石膏补槽，厨卫使用水泥砂浆补槽
	2.5mm² 线电路改造	材料及施工	标配开关插座以内米数不限	测位、画线、布管、安装固定、稳暗盒及过线盒，穿引线、穿线
	4.0mm² 线电路改造	材料及施工		测位、画线、布管、安装固定、稳暗盒及过线盒，穿引线、穿线

（3）备注说明。

1）水电包不提供开关插座面板及安装。面板安装费用另计。

2）客户选择水电包亦不对原有产品水电施工项目做折减处理。

3）水电包强电线路全改原则：以产品标配强电开关插座总数量为准。若新增一个强电开关插座面板收费见《客户增减项计费表》，若新增一个强电开关插座及走线布管收费 280～350 元/个（此费用含开关插座面板材料费、走线、开补槽、安装、接线、调试费）。

4）水电包共标配 6 路弱电电缆布管穿线。若新增一个弱电面板收费见《客户增减项计费表》，若新增一个弱电面板及走线布管收费 380～430 元/个（此费用含弱电面板材料费、走线、开补槽、安装、接线、调试费）。

5）水电包不含热水循环系统，中央空调弱电及排水改造系统，新风系统弱电改造系统，暖通系统管路改造系统，分体空调排水及开孔改造，全屋金属管的管路改造，壁挂炉的入户管路改造，弱电线缆入户布管穿线改造等。

6）水电包内水路冷热水点位配置仅限厨卫空间用水点，洗衣机用水点可据现场实际情况定。

7）普通住宅水电套餐项目，以原有建筑住宅设计配置为基础，新增如新风系统、地暖系统、中央空调系统控制电路面板等，均另行统计核算。

5.5　套餐拆除修复项目包

（1）说明：拆除房屋原有装饰面，拆除为破坏性拆除。
（2）内容详细说明表。

拆除修复内容说明表　　　　　　　　　　　　　表 5-4

项目名称	计量方式	单位	单价（元）	施工工艺要求及范围
整改拆除修复包	房屋建筑面积	m²	—	一、主材类拆除项目包含 1. 瓷砖及粘结层；2. 地板 / 踢脚线 / 地垫；3. 内门 / 门套 / 垭口 / 护墙板及粘结层；4. 开关 / 插座；5. 筒灯 / 射灯 / 吸顶灯等灯具；6. 窗台板 / 过门石等石材类；7. 橱柜 / 浴室柜 / 鞋柜 / 壁柜 / 衣柜等定制柜体类；8. 马桶 / 台盆 / 淋浴花洒等洁具类；9. 地漏 / 水龙头 / 厕纸架 / 毛巾杆 / 淋浴杆等五金类；10. 壁挂炉 / 热水器 / 油烟机 / 灶具等功能设备类；11. 铝扣板 /PVC 等材质吊顶类；12. 淋浴房；13. 壁纸等面层类材料。 二、辅材类拆除项目包含 1. 粉刷石膏层；2. 腻子层；3. 水泥找平层；4. 各种材质的吊顶及基层；5. 窗帘盒；6. 石膏线；7. 沙发 / 电视 / 卧室等背景墙；8. 木地台 / 地龙骨等。 三、墙体类拆除项目包含： 轻体砖砌筑墙体（包括：内置钢筋轻体墙）。 拆除包注意事项： a. 如需铲除墙底层水泥砂浆或砂灰层价格另计； b. 如需拆除红砖砌筑墙价格另计； c. 为保证房屋结构的安全，我们不对承重墙进行拆除。 四、顶面修复项目包含： 顶面粉刷石膏顺平（平均厚度 ≤ 10mm）。 五、墙面修复项目包含： 1. 墙面粉刷石膏顺平（平均厚度 ≤ 10mm）；2. 轻体墙粘贴网格布；3. 厨房卫生间墙面水泥砂浆找平。 修复包注意事项： a. 选择拆除修复包为找"顺平"，即能保证墙顶面的平整度，如需对顶面和墙面的垂直度、水平度有要求，则我们会根据需求计算增减项； b. 整改拆除修复包不含"规方"处理，如需房屋规方处理，则我们会根据需求计算增减项； c. 整改拆除修复包仅含轻体墙贴网格布，如需全屋所有墙体及顶面粘贴网格布，则我们会根据需求计算增减项

5.6　家装套餐特殊季节施工要点

5.6.1　雨季套餐施工

全国由于地理海拔气候差别大，南北方城市有不同的气候特点。由于温度、湿度等自然条件不同，雨季对家装工程施工质量、工期会带来较大影响。应充分考虑雨季室内湿度大，湿作业干燥、固化慢等因素，采取相应技术措施，保证家装套餐的施工质量不受雨季的影响。

1. 雨季装修注意事项

（1）地砖和瓷砖：在施工前要浸泡。雨季湿度大，要控制粘贴施工的时间，避免因地砖、瓷砖的水泥砂浆固化延长，立即开展下道工序，出现振动、踩踏现象造成粘贴不牢等问题。

（2）乳胶漆：因为受夏季炎热气候的影响，同时考虑雨季的特殊情况，对乳胶漆处理时应特别注意其稳定性、胶粘强度及初期干燥抗裂性。

（3）地板：在铺装时，缝隙应较以往安排得更加紧密，以避免在湿度变小时缝隙变大，还可以避免地板之间，在干燥后缝大的弊端，也起到了美观的作用。复合木地板较实木地板在处理上更为容易方便，出现缝隙的概率小。

2. 南方梅雨季装修注意事项

（1）南方梅雨天持续时间长、降雨量大、空气更加潮湿，对家庭装修工程进度（尤其套餐施工含产品安装，工期就尤为重要）、工程质量有一定的影响。在这个时期开始施工的装修业主要有适当延长工期的思想准备。通常遇到梅雨季应比春季时，工期要增加 5~8 天。

（2）采取相应的措施施工，克服不利的因素。南方地区买木质板材时，标准板材的含水率不能超过 13%。在梅雨季节备料时，要细心选择干燥材料。特别是材料进场后，放置两天，有条件要翻动摆放，使木质材料的含水率与周围环境的相对湿度接近一致，以防变形。

（3）切忌梅雨天给现场制作家具涂刷油漆。因为在梅雨天家具表面会凝聚一层潮气，这时如果刷漆，油漆不易挥发，使家具表面产生浑浊不清的现象。当有现场木器涂刷时，下雨天气应停工等待。在晴天刷木器漆最为恰当。

（4）梅雨天施工还要防止在现场制作的家具受潮变形，注意关闭门窗，防止雨水飘进室内，溅撒到木质家具、窗台板、窗套上。待其结构基本稳定，再进行后面的安装工序施工。

（5）雨季在铺贴完地砖后，水泥会因为空气潮湿而增加凝固时间，铺完地砖要尽量减少踩踏，避免松动。强调注意成品保护的重要性。

5.6.2 冬季套餐施工

1. 温度因素

北方地区住宅连续供暖，温度均衡，湿度小，使装饰材料物理性能稳定，材料较少开裂、变形；有利于墙面腻子的固化，不易粉尘、开裂；有利于油漆涂料的干燥，成膜效果好；在室内有暖气的情况下，可以正常施工。但要注意适当的中午开窗换气，减少粉尘、游离污染物在室内沉积。

2. 湿度因素

北方地区冬季空气相对湿度较小,有利于木制品稳定;木制品在施工中胶粘剂会迅速脱水,粘结强度高;有利于墙地砖施工水分的挥发,减少瓷面裂纹损坏;木器油漆过程中用砂纸打磨方便,施工进度快,油漆效果好。

3. 冬季家装施工注意事项

(1)室内温度低于15℃时,应停止批刮腻子施工项目。当室温低于5℃时,应停止水泥砂浆找平抹灰工序和墙地砖铺贴施工。当室温低于8℃时,停止油漆涂刷项目施工。

(2)冬季室内应适当自然通风,避免开大窗造成强烈的空气对流,木器施工未涂刷油漆之前不宜过度通风。室内装修产生粉尘的控制:在易产生粉尘的施工阶段,应增加空气湿度,采取必要的加湿气流的措施;增加清扫次数,减少粉尘积累以及适当通风换气。

4. 冬季施工常见质量隐患和预防

(1)墙面开裂问题。在冬季天气比较寒冷、室内暖气不足时,在西北墙体表面有可能因潮气结露,如果未经处理直接在墙面涂刷,会形成小气泡而开裂,导致日后有墙面开裂、脱落等现象。预防方法是:施工若工期比较紧,可在白天增加电取暖设备,适当开启入户门,放出潮气,保持室内空气一定的干燥度。

(2)在施工工艺把关上,应注意批刮腻子,每一遍不宜太厚,控制在3mm以下。乳胶漆从库房提货到施工现场时,要放置12小时以上,使得漆自身温度与室内温度一致再投入使用。

5. 冬季室内工地材料码放要求

(1)板材码放距离热源80cm,避免因过热导致板材开裂变形。

(2)采用地热供暖的房间,堆放板材时,要在板材底部加垫木方,避免板材直接受热开裂变形。

(3)水性涂料、胶类应存放在有暖气的房间,避免放在阳台,防止冻裂。漆和易挥发的化学物品应单独存放,远离热源。

第6章 建筑装饰装修部分标准摘要

住宅装饰装修由于施工工序多、操作复杂、工艺要求严格，同时涉及防火、安全、部品部件安装、环保，以及专业水电项目等诸多因素，采用的产品标准、技术标准、质量标准、技术规程等相关技术文件较多，篇幅较大。为了在实际装饰装修工程中便于读者快捷、方便地使用，特将建设标准中部分涉及"强制条文"的重要内容，节选出来供大家查阅和参照执行。主要有以下十余项技术质量标准。

（1）防火防水类规范标准

《建筑设计防火规范》GB 50016—2014

《建筑内部装修防火施工及验收规范》GB 50354—2005

《住宅室内防水工程技术规范》JGJ 298—2013

（2）验收规范标准

《建筑装饰装修工程质量验收标准》GB 50210—2018

《建筑地面工程施工质量验收规范》GB 50209—2010

《建筑电气工程施工质量验收规范》GB 50303—2015

《建筑给水排水及采暖工程施工质量验收规范》GB 50242—2002

《通风与空调工程施工质量验收规范》GB 50243—2016

（3）环保控制与监理规范标准

《民用建筑工程室内环境污染控制标准》GB 50325—2020

《建设工程监理规范》GB/T 50319—2013

（4）地区规范标准和 CBDA 技术规程标准

《居住建筑装修装饰工程质量验收规范》DB11/T 1076—2014

《住宅全装修工程技术规程》T/CBDA 32—2019

6.1 防火防水类标准规范

6.1.1 《建筑设计防火规范》GB 50016—2014

"5.5.15 公共建筑内房间内的疏散门数量应经计算确定且不少于2个。除托儿所、幼儿园、老年建筑、医疗建筑、教学建筑内位于走道尽端的房间外，符合下列条件之一的房间可设置1个疏散门：

1 位于两个安全出口之间或袋形走道两侧的房间，对于托儿所、幼儿园、老年人建筑，建筑面积不大于50m²；对于医疗建筑、教学建筑，建筑面积不大于75m²；对于其他建筑或场所，建筑面积不大于120m²；

2 位于走道尽端的房间，建筑面积小于50m²且疏散门的净宽度不小于0.90m，或由房间内任一点至疏散门的直线距离不大于15m、建筑面积不大于200m²且疏散门的净宽度不小于1.40m；

3 歌舞娱乐放映游艺场所内建筑面积不大于50m²且经常停留人数不超过15人的厅、室。

5.5.18 除本规范另有规定外，公共建筑内疏散门和安全出口的净宽度不应小于0.90m，疏散走道和疏散楼梯的净宽度不应小于1.10m。

高层公共建筑内楼梯间的首层疏散门、首层疏散外门、疏散走道和疏散楼梯的最小净宽度应符合表5.5.18的规定。

表 5.5.18　高层公共建筑内楼梯间的首层疏散门、首层疏散外门、
疏散走道和疏散楼梯的最小净宽度（m）

建筑类别	楼梯间的首层疏散门、首层疏散外门	走道单面布房	走道双面布房	疏散楼梯
高层医疗建筑	1.30	1.40	1.50	1.30
其他高层公共建筑	1.20	1.30	1.40	1.20

6.2.9 建筑内电梯竖井等竖井应符合下列规定：

3 建筑内的电缆井、管道井应在每层楼板处采用不低于楼板耐火极限的不燃材料或防火封堵材料封堵。

建筑内的电缆井、管道井与房间、走道等相连通的孔隙应采用防火封堵材料封堵。"

6.1.2 《建筑内部装修防火施工及验收规范》GB 50354—2005

"2.0.4 进入施工现场的装修材料应完好，并应核查其燃烧性能或耐火极限、防火性能型式检验报告、合格证书等技术文件是否符合防火设计要求。核查、检

验时，应按本规范附录 B 的要求填写进场验收记录。

2.0.5 装修材料进入施工现场后，应按本规范的有关规定，在监理单位或建设单位监督下，由施工单位有关人员现场取样，并应由具备相应资质的检验单位进行见证取样检验。

2.0.6 装修施工过程中，装修材料应远离火源，并应指派专人负责施工现场的防火安全。

2.0.7 装修施工过程中，应对各装修部位的施工过程作详细记录。记录表的格式应符合本规范附录 C 的要求。

2.0.8 建筑工程内部装修不得影响消防设施的使用功能。装修施工过程中，当确需变更防火设计时，应经原设计单位或具有相应资质的设计单位按有关规定进行。

3.0.4 下列材料应进行抽样检验：

1 现场阻燃处理后的纺织织物，每种取 $2m^2$ 检验燃烧性能；

2 施工过程中受湿浸、燃烧性能可能受影响的纺织织物，每种取 $2m^2$ 检验燃烧性能。

4.0.4 下列材料应进行抽样检验：

1 现场阻燃处理后的木质材料，每种取 $4m^2$ 检验燃烧性能；

2 表面进行加工后的 B1 级木质材料，每种取 $4m^2$ 检验燃烧性能。

5.0.4 现场阻燃处理后的泡沫塑料应进行抽样检验，每种取 $0.1m^3$ 检验燃烧性能。

6.0.4 现场阻燃处理后的复合材料应进行抽样检验，每种取 $4m^2$ 检验燃烧性能。

7.0.4 现场阻燃处理后的复合材料应进行抽样检验。

8.0.2 工程质量验收应符合下列要求：

1 技术资料应完整；

2 所用装修材料或产品的见证取样检验结果应满足设计要求；

3 装修施工过程中的抽样检验结果，包括隐蔽工程的施工过程中及完工后的抽样检验结果应符合设计要求；

4 现场进行阻燃处理、喷涂、安装作业的抽样检验结果应符合设计要求；

5 施工过程中的主控项目检验结果应全部合格；

6 施工过程中的一般项目检验结果合格率应达到 80%。

8.0.6 当装修施工的有关资料经审查全部合格、施工过程全部符合要求、现场检查或抽样检测结果全部合格时，工程验收应为合格。”

6.1.3 《住宅室内防水工程技术规范》JGJ 298—2013

"4.1.2 住宅室内防水工程不得使用溶剂型防水涂料。

5.2.1 卫生间、浴室的楼、地面应设置防水层，墙面、顶棚应设置防潮层，门口应有阻止积水外溢的措施。

5.3 技术措施

5.3.1 住宅室内防水应包括楼、地面防水、排水，室内墙体防水和独立水容器防水、防渗。

5.3.2 楼、地面防水设计应符合下列规定：

1 对于有排水要求的房间，应绘制放大布置平面图，并应以门口及沿墙周边为标志标高，标注主要排水坡度和地漏表面标高。

2 对于无地下室的住宅，地面宜采用强度等级为 C15 的混凝土作为刚性垫层，且厚度不宜小于 60mm。楼面基层宜为现浇钢筋混凝土楼板，当为预制钢筋混凝土条板时，板缝间应采用防水砂浆堵严抹平，并应沿通缝涂刷宽度不小于 300mm 的防水涂料形成防水涂膜带。

3 混凝土找坡层最薄处的厚度不应小于 30mm；砂浆找坡层最薄处的厚度不应小于 20mm。找平层兼找坡层时，应采用强度等级为 C20 的细石混凝土；需设填充层铺设管道时，宜与找坡层合并，填充材料宜选用轻骨料混凝土。

4 装饰层宜采用不透水材料和构造，主要排水坡度应为 0.5% ~ 1.0%，粗糙面层排水坡度不应小于 1.0%。

5 防水层应符合下列规定：

1）对于有排水的楼、地面，应低于相邻房间楼、地面 20mm 或做挡水门槛；当需进行无障碍设计时，应低于相邻房间面层 15mm，并应以斜坡过渡。

2）当防水层需要采取保护措施时，可采用 20mm 厚 1 : 3 水泥砂浆做保护层。

5.3.3 墙面防水设计应符合下列规定：

1 卫生间、浴室和设有配水点的封闭阳台等墙面应设置防水层，防水高度宜距楼、地面面层 1.2m。

2 当卫生间有非封闭式洗浴设施时，花洒所在及其邻近墙面防水层高度不小于 1.8m。

5.3.4 有防水设防的功能房间，除应设置防水层的墙面外，其余部分墙面和顶棚均应设置防潮层。

7.3.6 防水层不得渗漏。

检验方法：在防水层完成后进行蓄水试验，楼、地面蓄水高度不应小于 20mm，蓄水时间不应少于 24h；独立水容器应满池蓄水，蓄水时间不应少于 24h。

检验数量：每自然间或每一独立水容器逐一检验。"

6.2　建筑验收标准规范

6.2.1　《建筑装饰装修工程质量验收标准》GB 50210—2018

"3.1.1　建筑装饰装修工程应进行设计，并应出具完整的施工图设计文件。

3.1.2　建筑装饰装修设计应符合城市规划、防火、环保、节能、减排等有关规定。建筑装饰装修耐久性应满足使用要求。

3.1.3　承担建筑装饰装修工程设计的单位应对建筑物进行了解和实地勘察，设计深度应满足施工要求。由施工单位完成的深化设计应经建筑装饰装修设计单位确认。

3.1.4　既有建筑装饰装修工程设计涉及主体和承重结构变动时，必须在施工前委托原结构设计单位或者具有相应资质条件的设计单位提出设计方案，或由检测鉴定单位对建筑结构的安全性进行鉴定。

3.1.5　建筑装饰装修工程的防火、防雷和抗震设计应符合现行国家标准的规定。

3.2.3　建筑装饰装修工程所用材料应符合国家有关建筑装饰装修材料有害物质限量标准的规定。

3.2.8　建筑装饰装修工程所使用的材料应按设计要求进行防火、防腐和防虫处理。

3.3.4　未经设计确认和有关部门批准，不得擅自拆改主体结构和水、暖、电、燃气、通信等配套设施。

3.3.5　施工单位应采取有效措施控制施工现场的各种粉尘、废气、废弃物、噪声、振动等对周围环境造成的污染和危害。

7.1.12　重型设备和有振动载荷的设备严禁安装在吊顶工程的龙骨上。

9.2.3　石板安装工程的预埋件（或后置埋件）、连接件的材质、数量、规格、位置、连接方法和防腐处理必须符合设计要求。后置埋件的现场拉拔强度应符合设计要求。石板安装应牢固。

14.5.4　护栏高度、栏杆间距、安装位置应符合设计要求。护栏安装应牢固。"

6.2.2　《建筑地面工程施工质量验收规范》GB 50209—2010

"3.0.3　建筑地面工程采用的材料或产品应符合设计要求和国家现行有关标准的规定。无国家现行标准的，应具有省级住房和城乡建设行政主管部门的技术认可文件。材料或产品进场时还应符合下列规定：

1　应有质量合格证明文件；

2　应对型号、规格、外观等进行验收，对重要材料或产品应抽样进行复验。

3.0.5　厕浴间和有防滑要求的建筑地面应符合设计防滑要求。

3.0.18 厕浴间、厨房和有排水（或其他液体）要求的建筑地面面层与相连接各类面层的标高差应符合设计要求。

4.9.3 有防水要求的建筑地面工程，铺设前必须对立管、套管和地漏与楼板节点之间进行密封处理，并应进行隐蔽验收；排水坡度应符合设计要求。

4.10.11 厕浴间和有防水要求的建筑地面必须设置防水隔离层。楼层结构必须采用现浇混凝土或整块预制混凝土板，混凝土强度等级不应小于C20；房间的楼板四周除门洞外，应做混凝土翻边，高度不应小于200mm，宽同墙厚，混凝土强度等级不应小于C20。施工时结构层标高和预留孔洞位置应准确，严禁乱凿洞。

4.10.13 防水隔离层严禁渗漏，排水的坡向应正确、排水通畅。

5.7.4 不发火（防爆）面层中碎石的不发火性必须合格；砂应质地坚硬、表面粗糙，其粒径应为0.15~5mm。含泥量不应大于3%，有机物含量不应大于0.5%，水泥应采用硅酸盐水泥、普通硅酸盐水泥；面层分格的嵌条应采用不发生火花的材料配制。配制时应随时检查，不得混入金属或其他易发生火花的杂质。

6.2 砖面层

6.2.2 在水泥砂浆结合层上铺贴缸砖、陶瓷地砖和水泥花砖面层时，应符合下列规定：

1 在铺贴前，应对砖的规格尺寸、外观质量、色泽等进行预选；需要时，浸水湿润晾干待用；

2 勾缝和压缝应采用同品种、同强度等级、同颜色的水泥，并做养护和保护。

6.2.3 在水泥砂浆结合层上铺贴陶瓷锦砖面层时，砖底面应洁净，每联陶瓷锦砖之间、与结合层之间以及在墙角、镶边和靠柱、墙处，应紧密贴合。在靠柱、墙处不得采用砂浆填补。

6.2.4 在胶结料结合层上铺贴缸砖面层时，缸砖应干净，铺贴时应在胶结料凝结前完成。

6.2.7 面层与下一层的结合（粘结）应牢固，无空鼓（单块砖边角允许有局部空鼓，但每自然间或标准间的空鼓砖不应超过总数的5%）。

检验方法：用小锤轻击检查。

6.2.8 砖面层的表面应洁净、图案清晰，色泽一致，接缝平整，深浅一致，周边顺直。板块无裂纹、掉角等缺陷。

检验方法：观察检查。

6.2.9 面层邻接处的镶边用料及尺寸应符合设计要求，边角整齐、光滑。

检验方法：观察和用钢尺检查。

6.2.10 踢脚线表面应洁净，与柱、墙面的结合应牢固。踢脚板高度及出柱、墙厚度应符合设计要求，且均匀一致。

检验方法：观察和用小锤轻击及钢尺检查。"

6.2.3 《建筑电气工程施工质量验收规范》GB 50303—2015

"3.1.5　高压的电气设备、布线系统以及继电保护系统必须交接试验合格。

3.1.7　电气设备的外露可导电部分应单独与保护导体相连接,不得串联连接,连接导体的材质、截面积应符合设计要求。

6.1.1　电动机、电加热器及电动执行机构的外露可导电部分必须与保护导体可靠连接。

10.1.1　母线槽的金属外壳等外露可导电部分应与保护导体可靠连接,并应符合下列规定:

1　每段母线槽的金属外壳间应连接可靠,且母线槽全长与保护导体可靠连接不应少于2处;

2　分支母线槽的金属外壳末端应与保护导体可靠连接;

3　连接导体的材质、截面积应符合设计要求。

11.1.1　金属梯架、托盘或槽盒本体之间的连接应牢固可靠,与保护导体的连接应符合下列规定:

1　梯架、托盘和槽盒全长不大于30m时,不应少于2处与保护导体可靠连接;全长大于30m时,每隔20～30m应增加一个连接点。起始端和终点端均应可靠接地。

2　非镀锌梯架、托盘和槽盒本体之间连接板的两端应跨接保护联结导体,保护联结导体的截面积应符合设计要求。

3　镀锌梯架、托盘和槽盒本体之间不跨接保护联结导体时,连接板每端不应少于2个有防松螺帽或防松垫圈的连接固定螺栓。

12.1.2　钢导管不得采用对口熔焊连接;镀锌钢导管或壁厚小于或等于2mm的钢导管,不得采用套管熔焊连接。

13.1.1　金属电缆支架必须与保护导体可靠连接。

13.1.5　交流单芯电缆或分相后的每相电缆不得单根独穿于钢导管内,固定用的夹具和支架不应形成闭合磁路。

14.1.1　同一交流回路的绝缘导线不应敷设于不同的金属槽盒内或穿于不同金属导管内。

15.1　塑料护套线严禁直接敷设在建筑物顶棚内、墙体内、抹灰层内、保温层内或装饰面内。

18.1.1　灯具固定应符合下列规定:

1　灯具固定应牢固可靠,在墙体和混凝土结构上严禁使用木楔、尼龙塞或塑料塞固定;

2　质量大于10kg的灯具,固定装置及悬吊装置应按灯具重量的5倍恒定均布载荷做强度试验，且持续时间不得少于 15min。

18.1.5　普通灯具的 Ⅰ类灯具外露可导电部分必须采用铜芯软导线与保护导体可靠连接，连接处应设置接地标识，铜芯软导线的截面积应与进入灯具的电源线截面积相同。

19.1.1　专用灯具的 Ⅰ类灯具外露可导电部分必须采用铜芯软导线与保护导体可靠连接，连接处应设置接地标识，铜芯软导线的截面积应与进入灯具的电源线截面积相同。

19.1.6　景观照明灯具安装应符合下列规定：

1　在人行道等人员来往密集场所安装的落地式灯具，当无围栏防护时，灯具距地面高度应大于 2.5m；

2　金属构架及金属保护管应分别与保护导体采用焊接或螺栓连接，连接处应设置接地标识。

20.1.3　插座接线应符合下列规定：

1　对于单相两孔插座，面对插座的右孔或上孔应与相线连接，左孔或下孔应与中性导体（N）连接；对于单相三孔插座，面对插座的右孔应与相线连接，左孔应与中性导体（N）连接。

2　单相三孔、三相四孔及三相五孔插座的保护接地导体（PE）应接在上孔；插座的保护接地导体端子不得与中性导体端子连接；同一场所的三相插座，其接线的相序应一致。

3　保护接地导体（PE）在插座之间不得串联连接。

4　相线与中性导体（N）不应利用插座本体的接线端子转接供电。

23.1.1　接地干线应与接地装置可靠连接。

24.1.3　接闪器与防雷引下线必须采用焊接或卡接器连接，防雷引下线与接地装置必须采用焊接或螺栓连接。"

6.2.4　《建筑给水排水及采暖工程施工质量验收规范》GB 50242—2002

"3.3.2　隐蔽工程应在隐蔽前经验收各方检验合格后，才能隐蔽，并形成记录。

3.3.16　各种承压管道系统和设备应做水压试验，非承压管道系统和设备应做灌水试验。

4.1.2　给水管道必须采用与管材相适应的管件。生活给水系统所涉及的材料必须达到饮水卫生标准。

4.2.3　生产给水系统管道在交付使用前必须冲洗和消毒，并经有关部门取样检验，符合国家《生活饮用水标准》方可使用。

4.3.1　室内消火栓系统安装完成后应取屋顶层（或水箱间内）试验消火栓

和首层取二处消火栓做试射试验，达到设计要求为合格。

5.2.1　隐蔽或埋地的排水管道在隐蔽前做灌水试验，其灌水高度应不低于底层卫生器具的上边缘或底层地面高度。

7.2.1　排水栓和地漏的安装应平正、牢固，低于排水表面，周边无渗漏。地漏水封高度不得小于 50mm。

8.2.1　管道安装坡度，当设计未注明时，应符合下列规定：

1　气、水同向流动的热水采暖管道和汽、水同向流动的蒸汽管道及凝结水管道，坡度应为 3‰，不得小于 2‰；

2　气、水逆向流动的热水采暖管道和汽、水逆向流动的蒸汽管道，坡度不应小于 5‰；

3　散热器支管的坡度应为 1%，坡向应利于排气和泄水。

8.3.1　散热器组对后，以及整组出厂的散热器在安装之前应做水压试验。试验压力如设计无要求时应为工作压力的 1.5 倍，但不小于 0.6MPa。

8.5.1　地面下敷设的盘管埋地部分不应有接头。

8.5.2　盘管隐蔽前必须进行水压试验，试验压力为工作压力的 1.5 倍，但不小于 0.6MPa。

8.6.1　采暖系统安装完毕，管道保温之前应进行水压试验。试验压力应符合设计要求。当设计未注明时，应符合下列规定：

1　蒸汽、热水采暖系统，应以系统顶点工作压力加 0.1MPa 做水压试验，同时在系统顶点的试验压力不小于 0.3MPa。

2　高温热水采暖系统，试验压力应为系统顶点工作压力加 0.4MPa。

3　使用塑料管及复合管的热水采暖系统，应以系统顶点工作压力加 0.2MPa 做水压试验，同时在系统顶点的试验压力不小于 0.4MPa。

8.6.3　系统冲洗完毕应充水、加热，进行试运行和调试。

9.2.7　给水管道在竣工后，必须对管道进行冲洗，饮用水管道还要在冲洗后进行消毒，满足饮用水卫生要求。

10.2.1　排水管道的坡度必须符合设计要求，严禁无坡或倒坡。

11.3.3　管道冲洗完毕应通水、加热，进行试运行和调试。当不具备加热条件时，应延期进行。"

6.2.5　《通风与空调工程施工质量验收规范》GB 50243—2016

"4.2.5　复合材料风管的覆面材料必须采用不燃材料，内层的绝热材料应采用不燃或难燃且对人体无害的材料。

5.2.7　防排烟系统的柔性短管必须采用不燃材料。

6.2.2　当风管穿过需要封闭的防火、防爆的墙体或楼板时，必须设置厚度不小于 1.6mm 的钢制防护套管；风管与防护套管之间应采用不燃柔性材料封堵严密。

6.2.3 风管安装必须符合下列规定：

1 风管内严禁其他管线穿越。

2 输送含有易燃、易爆气体或安装在易燃、易爆环境的风管系统必须设置可靠的防静电接地装置。

3 输送含有易燃、易爆气体的风管系统通过生活区或其他辅助生产房间时不得设置接口。

4 室外风管系统的拉索等金属固定件严禁与避雷针或避雷网连接。

7.2.2 通风机传动装置的外露部位以及直通大气的进、出风口，必须装设防护罩、防护网或采取其他安全防护措施。

7.2.10 静电式空气净化装置的金属外壳必须与 PE 线可靠连接。

7.2.11 电加热器的安装必须符合下列规定：

1 电加热器与钢构架间的绝热层必须采用不燃材料；外露的接线柱应加设安全防护罩。

2 电加热器的外露可导电部分必须与 PE 线可靠连接。

3 连接电加热器的风管的法兰垫片，应采用耐热不燃材料。

8.2.4 燃油管道系统必须设置可靠的防静电接地装置。

8.2.5 燃气管道的安装必须符合下列规定：

1 燃气系统管道与机组的连接不得使用非金属软管。

2 当燃气供气管道压力大于 5kPa 时，焊缝无损检测应按设计要求执行；当设计无规定时，应对全部焊缝进行无损检测并合格。

3 燃气管道吹扫和压力试验的介质应采用空气或氮气，严禁采用水。"

6.3 环保控制与监理标准规范

6.3.1 《民用建筑工程室内环境污染控制标准》GB 50325—2020

"1.0.5 民用建筑工程所选用的建筑主体材料和装饰装修材料应符合本标准有关规定。

3.1.1 民用建筑工程所使用的砂、石、砖、实心砌块、水泥、混凝土、混凝土预制构件等无机非金属建筑主体材料，其放射性限量应符合现行国家标准《建筑材料放射性核素限量》GB 6566 的规定。

3.1.2 民用建筑工程所使用的石材、建筑卫生陶瓷、石膏制品、无机粉粘结材料等无机非金属装饰装修材料，其放射性限量应分类符合现行国家标准《建筑材料放射性核素限量》GB 6566 的规定。

3.2.1　民用建筑工程室内用人造木板及其制品应测定游离甲醛释放量。

4.3.1　Ⅰ类民用建筑室内装饰装修采用的无机非金属装饰装修材料放射性限量必须满足现行国家标准《建筑材料放射性核素限量》GB 6566 规定的 A 类要求。

4.3.3　民用建筑室内装饰装修采用的人造木板及其制品、涂料、胶粘剂、水性处理剂、混凝土外加剂、墙纸（布）、聚氯乙烯卷材地板、地毯等材料的有害物质释放量或含量，应符合本标准第 3 章的规定。

4.3.4　民用建筑室内装饰装修时，不应采用聚乙烯醇水玻璃内墙涂料、聚乙烯醇缩甲醛内墙涂料和树脂以硝化纤维素为主、溶剂以二甲苯为主的水包油型（O/W）多彩内墙涂料。

4.3.5　民用建筑室内装饰装修时，不应采用聚乙烯醇缩甲醛类胶粘剂。

4.3.6　民用建筑室内装饰装修中所使用的木地板及其他木质材料，严禁采用沥青、煤焦油类防腐、防潮处理剂。

4.3.7　Ⅰ类民用建筑室内装饰装修粘贴塑料地板时，不应采用溶剂型胶粘剂。

4.3.8　Ⅱ类民用建筑中地下室及不与室外直接自然通风的房间粘贴塑料地板时，不宜采用溶剂型胶粘剂。

4.3.9　民用建筑工程中，外墙采用内保温系统时，应选用环保性能好的保温材料，表面应封闭严密，且不应在室内装饰装修工程中采用脲醛树脂泡沫材料作为保温、隔热和吸声材料。

5.3.3　民用建筑室内装饰装修时，严禁使用苯、工业苯、石油苯、重质苯及混苯等含苯稀释剂和溶剂。

5.3.6　民用建筑室内装饰装修严禁使用有机溶剂清洗施工用具。

6.0.3　民用建筑工程所用建筑主体材料和装饰装修材料的类别、数量和施工工艺等，应满足设计要求并符合本标准有关规定。

6.0.4　民用建筑工程竣工验收时，必须进行室内环境污染物浓度检测，其限量应符合表 6.0.4 的规定。

表 6.0.4　民用建筑室内环境污染物浓度限量

污染物	Ⅰ类民用建筑工程	Ⅱ类民用建筑工程
氡 /（Bq/m³）	≤ 150	≤ 150
甲醛 /（mg/m³）	≤ 0.07	≤ 0.08
氨 /（mg/m³）	≤ 0.15	≤ 0.20
苯 /（mg/m³）	≤ 0.06	≤ 0.09
甲苯（mg/m³）	≤ 0.15	≤ 0.20
二甲苯（mg/m³）	≤ 0.20	≤ 0.20
TVOC/（mg/m³）	≤ 0.45	≤ 0.50

6.0.23 室内环境污染物浓度检测结果不符合本标准 6.0.4 规定的民用建筑工程,严禁交付投入使用。"

6.3.2 《建设工程监理规范》GB/T 50319—2013

"3 项目监理机构及其设施

3.1 一般规定

3.1.1 工程监理单位实施监理时,应在施工现场派驻项目监理机构。项目监理机构的组织形式和规模,可根据建设工程监理合同约定的服务内容、服务期限,以及工程特点、规模、技术复杂程度、环境等因素确定。

3.1.2 项目监理机构的监理人员应由总监理工程师、专业监理工程师和监理员组成,且专业配套、数量应满足建设工程监理工作需要,必要时可设总监理工程师代表。

3.2 监理人员职责

3.3 监理设施

4 监理规划及监理实施细则

5 工程质量、造价、进度控制及安全生产管理的监理工作

5.2 工程质量控制

5.3 工程造价控制

5.4 工程进度控制

5.5 安装生产管理的监理工作

6 工程变更、索赔及施工合同争议处理

6.2 工程暂停及复工

6.3 工程变更

6.4 费用索赔

6.5 工程延期及工程延误

6.6 施工合同争议

6.7 施工合同解除

7 监理文件资料管理

8 设备采购与设备监造

9 相关服务

9.2 工程勘察设计阶段服务

9.3 工程保修阶段服务"

6.4 北京市地方标准和 CBDA 技术规程标准

6.4.1 《居住建筑装修装饰工程质量验收规范》DB11/T 1076—2014

"**3 基本规定**

3.3 施工

3.3.4 施工前应进行设计交底工作，并应对施工现场进行核查，了解物业管理的有关规定。

3.3.5 承担居住建筑装修装饰工程应在基体和基层的质量验收合格后施工。对已有的建筑进行装饰装修前，应对基层进行处理并达到规范的要求。

3.3.6 承担居住建筑装修装饰工程中，严禁拆改主体结构、承重结构，擅自拆改水、暖、电、燃气、通讯等配套设施：

1 未经城市规划行政主管和相关管理部门批准擅自改变住宅外立面，任意在墙体上开门窗洞口；擅自拆改扩充卫生间使用区间面积，改变阳台用途；

2 擅自拆改扩大主体结构上原有门窗洞口，拆除连接阳台的墙体，损坏受力钢筋，严禁在预制混凝土空心楼板上打孔安装埋件，影响建筑结构和使用安全的行为；

3 未经城市规划、城管、物业部门、业委会同意批准，严禁在公共区域内、房屋楼顶拆改设施加建其他建筑附属物。

6.3 板块铺贴工程

6.3.1 用于墙饰面砖施工安装工程质量验收。

6.3.2 石材、墙砖的品种、规格、等级、颜色和图案应符合设计要求。

6.3.3 石材、墙砖施工前应进行规格套方，保证规整，进行选色，减少色差，进行预排，减少使用非整砖，有突出墙面的物体应按规定用整砖套割，套割吻合，边缘齐整。

检查数量：每批次抽查不少于 2 包产品。

检验方法：尺量，目测检查。

6.3.4 墙砖铺贴应砂浆饱满、采用粘接剂等粘贴牢固。墙面砖单块边角空鼓（边长大于等于 300mm 空鼓面积总和不得超过单块瓷砖面积的 15%，边长不大于 300mm 空鼓面积总和不得超过单块瓷砖面积的 10%）累计空鼓不得超过铺贴数量的 5%。

检查数量：同一平面不少于 3 处。

检验方法：尺量，观察，用小锤敲击检查。

6.3.5 石材的墙面背景墙、壁炉等造型类安装后，应采用干挂工艺，保证牢固，安全可靠，线条顺直，接缝平整。

检查数量：每一面墙不少于 2 处。

检验方法：直角尺，垂直检测尺，手试检查，检查施工记录。"

6.4.2 《住宅全装修工程技术规程》T/CBDA 32—2019

"**4 设计**

4.2.8 卫生间装修设计应符合下列规定：

1 卫生间设计应有专项设计图纸，对淋浴间、电器设备、水管接口、坐便器等明确定位；

2 卫生间应具备盥洗、便溺、洗浴等基本功能；

3 卫生间宜采用整体卫浴系统，并应符合现行行业标准《住宅整体卫浴间》JG/T 183 的有关规定，整体卫浴系统专项设计应与建筑设计协同设计，实现尺寸间的相互协调；

4 吊顶宜采用金属扣板或防水石膏板等材料，并应结合管道井及设备检修需要设置检修口；

5 卫生间防水应符合下列规定：

1）楼地面向地漏方向找坡不应小于 1%；

2）设置高度不大于 15mm 的挡水门槛或楼地面高差，当进行无障碍设计时，应以斜坡过渡；

3）卫生间洗浴、盥洗、坐便等单元宜采用干湿分区设计；

4）淋浴房（区）宜设置挡水，当不设挡水时，内外宜有 15mm 的高差；

5）卫生间的防水层应从地面延伸至墙面。卫生间防水层高出地面部分高度应符合表 4.2.8 的规定：

表 4.2.8 卫生间防水层高出地面部分高度

空间	防水层高出地面部分高度 (mm)
淋浴空间	≥ 1800
设置浴缸的空间	≥ 自浴缸顶面以上 300
设置洗面器的空间	≥ 自洗面台顶面以上 300
其他空间	≥ 300

4.2.9 阳台设计应符合下列规定：

1 阳台应预留晾晒衣物的空间并设置晾晒衣物的设施或预埋相应的构件；

2 当阳台设置地漏时，地面应向地漏方向找坡，坡度不应小于 1%；

3 当阳台设有洗衣机时，应设置专用给排水管线、电源插座及专用地漏，阳台楼（地）面应设防水层；寒冷地区阳台应做封闭。

4　当无阳台时，应预留晾晒衣物的空间。

4.5　厨卫部品

4.5.1　厨卫部品应有专项设计，应与装修设计整体协调，提供专项设计图纸。

4.5.2　厨房部品专项设计深度应满足生产加工和现场安装要求，选用的部品应为标准化、系列化的参数尺寸。

4.5.3　橱柜布局应满足储藏、洗、切、烹饪功能及操作动线要求，并应根据空间尺寸要求，运用橱柜功能模块组合出单排、双排、L 形、U 形等不同的布局设计。

4.5.4　厨房部品应根据操作顺序合理布置各种设备、设施，并应设置与之对应的水、电、燃气接口。

4.5.5　放置灶具、水槽的操作台台口宜做防滴水设计，台面贴墙应采取后挡水处理，洗涤池应有防溢水功能。案台台面应选用无毒无害、耐水、耐火、耐腐蚀、易清洁、具有相应强度的材料。洗涤池柜体下方应做防潮处理。

4.5.6　厨房设计应与燃气专项设计协同，并应将燃气专项设计对燃气表、燃气管线的布置情况反映到厨房设计中。

4.5.7　厨房排油烟机横管宜在吊柜上部或顶部内部排布，不宜穿越吊柜。

4.5.8　厨房门下部宜设置通风百叶或宽（高）度 10mm ~ 12mm 的门隙。

4.5.9　卫生间空间布局应满足盥洗、便溺、洗浴、出入等功能要求，并应根据空间和功能，采用模数化部品。

4.5.10　卫生间部品应选用便于安装、拆卸以及接口通用、技术配套的标准化内装部品。

4.5.11　卫生间采用玻璃淋浴隔断时，应采用钢化玻璃；淋浴房门宽不宜小于 0.55m，宜外开或推拉，且外开角度应大于 90°。

6.2　测量放线

6.2.1　住宅全装修工程测量放线应符合现行团体标准《建筑装饰装修施工测量放线技术规程》T/CBDA 14 规定。

6.2.2　施工测量放线应依据土建结构轴线、楼层 0.5m 或 1.0m 水平线作为基准线。

6.2.3　隔墙施工放线应符合下列规定：

1　应依据结构轴线对结构工程的尺寸进行复核，并将尺寸标注在该层的墙、地面上；

2　应以隔墙的厚度、宽度、高度和房间排板要求在地面上弹出中线和边线，并延伸到顶棚上；

3　在边线外侧应注明门窗尺寸和位置。

6.2.4　装修完成面放线应符合下列规定：

1 对墙体进行放线找方，以自然间四个角部距墙面 200mm～300mm 位置点长、宽和对角线方向放线，以对角线十字交点放方正基准线，长、宽方向测量室内方正；

2 依据方正基准线、水平基准线装修做法和结构尺寸偏差的技术处理措施，弹出墙面、地面、顶棚装修完成面线。

6.2.5 机电末端应依据装修完成面、墙地面排版及设备位置尺寸等对开关、插座、灯具、空调、风口等末端进行定位放线。

6.5 防水工程

6.5.1 住宅室内防水工程适用于有防、排水要求的楼（地）面和独立水容器等部位施工，不应使用溶剂型防水涂料。

6.5.2 住宅全装修防水工程应符合设计要求，并应符合现行行业标准《住宅室内防水工程技术规范》JGJ 298 的相关规定。

6.5.3 对易发生漏水部位的墙根、管根、管井根部和地漏等应做成圆弧形角和增加附加层的加强措施。

6.5.4 卫生间门口处应设置挡水坎，防水层沿挡水坎内侧应向上延展不应小于 30mm 阻止积水外溢的加强措施。

6.5.5 防水涂料不应和给水管直接接触。

6.5.6 蓄水试验应符合下列规定：

1 防水层施工完毕后应进行蓄水试验，蓄水时间不应少于 24h，蓄水深度不应低于 20mm。

2 设备与饰面层施工完毕后应再做蓄水试验，应无渗漏和排水顺畅方能验收。"

第7章 家装质检实测实量技术

7.1 实测实量技术

在家装实际施工过程中，对质量评判、检查、验收、复检等要大量用到检测工具在实际完成区域、完成面进行质检操作。但由于家装质量测量技术不被重视，所以，在蓬勃发展的家装产业中，一直处于技术发展边缘。一旦家装工地出现测量位置不确定的问题、检测方法不一致的纠纷，还没有一个行业比较明确、统一、公认的判定和参照技术标准。由北京金龙腾装饰公司为主编单位以及国内部分骨干装饰企业和国家建筑工程质量监督检验中心参编的《住宅室内装饰装修工程施工实测实量技术规程》T/CBDA 19—2018，解决了家装质检实测实量的基本课题。本章作了实测实量技术规程的重点条文摘录。

7.2 实测实量内容

家装实测实量数据记录，应包括实测工具、实测项目、允许偏差、实测点、实测值、实测结果、实测人员信息等，并归档保存，作为评判质量的依据。

7.3 检验方法的统一性

由于现行国家标准《建筑工程施工质量验收统一标准》GB 50300、《建筑地面工程施工质量验收规范》GB 50209、《建筑装饰装修工程质量验收标准》GB 50210、《住宅室内装饰装修工程质量验收规范》JGJ/T 304 中各项质量检验方法多为观察、手试、尺量测量，尺量没有具体明确的布点位置、数量量化要求，造成现场实测尺量工作随意性较大，测量结果不一致的问题，并影响了住宅工程质量水平的提高。家装施工实测实量的技术，细化住宅室内装饰装修工程施工过程中，工程检验质量的位置和检验方法，做到技术先进、方法简便，保证住宅室内装饰装修工程质量测量检查的准确统一性。

7.4 实测实量技术规程 T/CBDA 19 摘录

4 墙面工程

4.1 一般规定

4.1.1 墙面工程实测实量包括混凝土结构工程、砌体结构工程、抹灰工程、轻质隔墙工程、饰面板工程、饰面砖工程、裱糊工程、软包工程、涂饰工程等立面垂直度、表面平整度、阴阳角方正、接缝高低差、接缝宽度、接缝直线度。

4.2 立面垂直度

4.2.1 立面垂直度实测实量工具应选用 2m 垂直检测尺。

4.2.2 立面垂直度实测实量应符合下列要求：

1 卧室、起居室相同材料、工艺和施工条件的每一面墙两端和中部固定实测点不宜少于 3 个点，厨房、卫生间每一面墙左右两端固定实测点不宜少于 2 个点；

2 当墙面长度大于 4m 时，在墙面中部位置增加 1 个固定实测点；

3 每一面墙左右两端实测点距离阴角或阳角 200～300mm 且分别在距离地面和顶面 100～300mm 范围内布点，墙面中间实测点在中间部位布点；

4 当墙面有门窗洞口时，应在其洞口两侧距离洞口 100mm 范围内不宜少于 1 个固定实测点，并对混凝土结构墙体洞口内侧增加 1 个固定实测点。

【4.2.2 条文说明】立面垂直度实测实量做法，如图 7-1～图 7-3 所示：

4.3 表面平整度

4.3.1 表面平整度实测实量工具应选用 2m 水平检测尺和楔形塞尺。

4.3.2 表面平整度实测实量应符合下列要求：

1 卧室、起居室相同材料、工艺和施工条件的每一面墙 4 个角部区域固定实测点不宜少于 2 点，中间和底部水平或垂直方向固定实测点不宜少于 2 个点，厨房、卫生间每一面墙中部区域固定实测点不宜少于 1 个点；

2 每一面墙顶部和根部四个角部区域距离角端 100mm 范围内斜向实测布点，底部水平实测距离地面 100～300mm 范围内布点，墙面中部实测在墙面顶部和根部之间的中间部位布点；

3 当墙面有门窗洞口时，应在其洞口两侧距离洞口 100mm 范围内竖向不宜少于 1 个实测点，且在洞口斜向部位不宜少于 1 个实测点。

【4.3.2 条文说明】表面平整度实测实量做法，如图 7-4～图 7-6 所示：

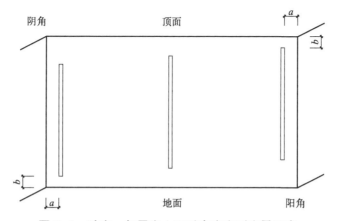

图 7-1　卧室、起居室立面垂直度实测实量示意

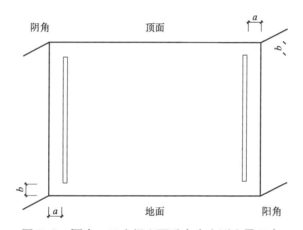

图 7-2　厨房、卫生间立面垂直度实测实量示意

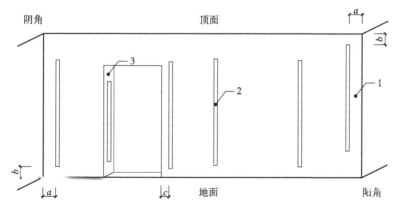

图 7-3　墙长度大于 4m 且有混凝土门洞口的立面垂直度实测实量示意

1—墙面；2—2m 垂直检测尺；3—混凝土门洞口

a=200～300mm；b=100～300mm；c=100mm

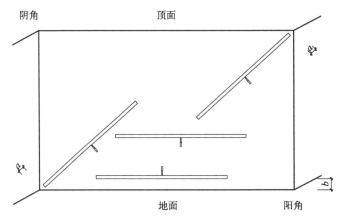

图 7-4　卧室、起居室表面平整度实测实量示意

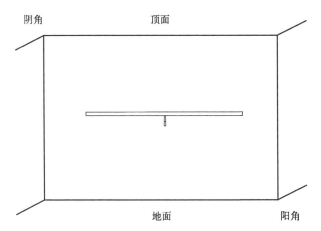

图 7-5　厨房、卫生间表面平整度实测实量示意

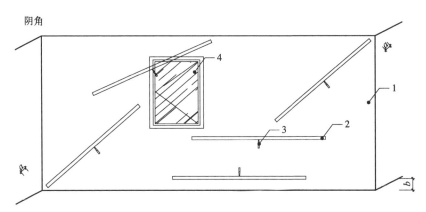

图 7-6　墙面有窗洞口时表面平整度实测实量示意

1—墙面；2—2m 水平检测尺；3—楔形塞尺；4—窗

$a \leqslant 100\text{mm}$；$b = 100 \sim 300\text{mm}$

4.4　阴阳角方正

4.4.1　阴阳角方正实测实量工具应选用 200mm 直角检测尺。

4.4.2　阴阳角方正实测实量应符合下列要求：

1　每个房间每个阴角或阳角固定实测点不宜少于 1 个点；

2　每一面墙同一阴角或阳角实测布点应分别距离地面或顶面不小于 300mm 范围内。

【4.4.2 条文说明】阴阳角方正实测实量做法，如图 7-7 所示。

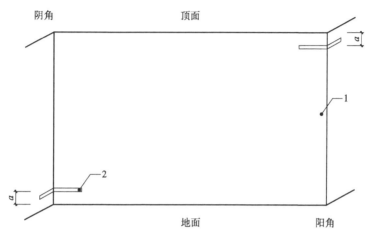

图 7-7　阴阳角方正实测实量示意
1—墙面；2—200mm 直角检测尺
a=300mm

4.5　接缝高低差

4.5.1　接缝高低差实测实量工具应选用钢直尺和楔形塞尺。

4.5.2　接缝高低差实测实量应符合下列要求：

1　相同材料、工艺和施工条件的每一面墙目测实测点不宜少于 2 个点；

2　目测偏差较大点处，用钢直尺紧靠相邻两块饰面材料，距离接缝 10mm 处用楔形塞尺插入缝隙测量。

【4.5.2 条文说明】接缝高低差实测实量做法，如图 7-8 所示。

4.6　接缝宽度

4.6.1　接缝宽度实测实量工具应选用钢直尺。

4.6.2　接缝宽度实测实量应符合下列要求：

1　相同材料、工艺和施工条件的每一面墙目测实测点不少于 2 个点；

2　目测偏差较大点，用钢直尺测量接缝宽度，与设计值比较，得出偏差值。

【4.6.2 条文说明】接缝宽度实测实量做法，如图 7-9 所示。

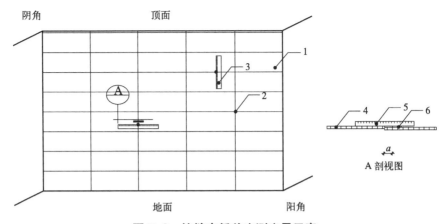

图 7-8 接缝高低差实测实量示意

1—墙面；2—接缝；3—实测点；4—瓷砖；5—钢直尺；6—楔形塞尺

a=10mm

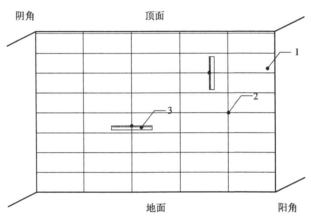

图 7-9 接缝宽度实测实量示意

1—墙面木饰面板；2—接缝；3—钢直尺

4.7 接缝直线度

4.7.1 接缝直线度实测实量应选用钢直尺和线径不大于 1mm 的 5m 线或激光水平仪。

4.7.2 接缝直线度实测实量应符合下列要求：

1 相同材料、工艺和施工条件的每一面墙目测实测点不宜少于 2 点，应同时包含纵向和横向接缝；

2 目测纵向、横向接缝较大点，在接缝上用激光水平仪或拉 5m 线放出基准线，用钢直尺测量接缝与基准线的距离，计算偏差值。

【4.7.2 条文说明】接缝直线度实测实量做法，如图 7-10 所示。

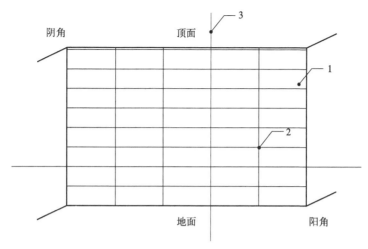

图 7-10　接缝直线度实测实量示意
1—墙面砖；2—接缝；3—基准线

5　楼地面工程

5.1　一般规定

5.1.1　楼地面工程实测实量包括现浇混凝土地面工程、防水找平层、防水保护层、防水层、整体面层、板块面层和木、竹面层等表面平整度、缝格平直、接缝高低差、踢脚线上口平直、接缝宽度、踢脚线与竹木地面接缝、房间方正度。

5.1.2　防水工程实测平均厚度应符合设计要求，每点取样 20mm × 20mm，用游标卡尺测量取样厚度，最小厚度不应小于设计厚度的 80%。

5.1.3　相同材料、工艺和施工条件的楼地面工程，每个房间地面作为一个实测区，每个检验批应抽取实测区不少于 10 个地面且不同户型，防水工程应全数实测实量。

5.2　表面平整度

5.2.1　表面平整度实测实量工具应选用 2m 水平检测尺和楔形塞尺。

5.2.2　表面平整度实测实量应符合下列要求：

1　卧室、起居室相同材料、工艺和施工条件的地面中间和边部固定实测点不宜少于 2 个点，长边方向两侧踢脚线处距离墙面 100mm 范围内固定实测点不宜少于 2 个点，厨房、卫生间地面 4 个角部区域固定实测点不少于 2 点；

2　地面接近 4 个角部区域实测点斜向布点，中间在地面长边方向的中间部位布点。

【5.2.1 条文说明】

楼地面工程表面平整度测量，用以避免地面饰面材料安装完成后和踢脚线之间缝隙较大，影响美观。表面平整度实测实量做法，如图 7-11，图 7-12 所示。

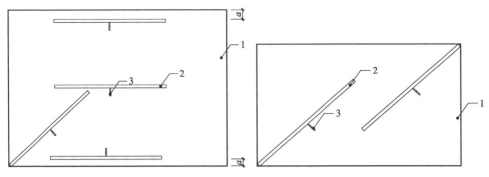

图 7-11 卧室、起居室表面平整度实测
实量示意

图 7-12 厨房、卫生间表面平整度实测
实量示意

1—地面；2—2m 水平检测尺；3—楔形塞尺
a=100mm

5.4 接缝高低差

5.4.1 接缝高低差实测实量工具应选用钢直尺和楔形塞尺。

5.4.2 接缝高低差实测实量应符合下列要求：

1 相同材料、工艺和施工条件的地面目测实测点不宜少于 4 个点；

2 目测偏差较大点，用钢直尺紧靠相邻两块饰面材料，距离接缝 10mm 处用楔形塞尺插入缝隙测量。

【5.4.2 条文说明】接缝高低差实测实量做法，如图 7-13 所示。

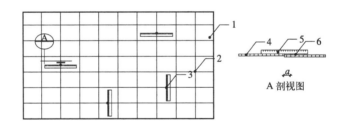

A 剖视图

图 7-13 接缝高低差实测实量示意

1—地面；2—接缝；3—实测点；4—瓷砖；5—钢直尺；6—楔形塞尺
a=10mm

5.6 板块接缝宽度

5.6.1 板块缝隙宽度实测实量工具应选用钢直尺。

5.6.2 板块缝隙宽度实测实量应符合下列要求：

1 相同材料、工艺和施工条件的地面目测实测点不少于 4 个点；

2 目测偏差较大点，用钢直尺测量接缝宽度，与设计值比较，得出偏差值。

【5.6.2 条文说明】板块缝隙宽度实测实量做法，如图 7-14 所示。

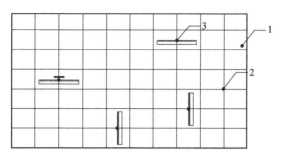

图 7-14　板块缝隙宽度实测实量示意
1—木地板；2—接缝；3—钢直尺

5.8　房间方正度

5.8.1　房间方正度实测实量工具应选用钢卷尺和激光测距仪。

5.8.2　房间方正度实测实量应符合下列要求：

1　同一功能房间，接近房间角部墙面之间固定实测点不少于 4 点，房间中间对角线距离固定实测点不少于 2 点；

2　房间长、宽两个方向距离两侧墙端 200～300mm 处各实测 2 个点，对角线实测 4 个角部测点对角之间的水平距离，计算得出偏差值。

【5.8.2 条文说明】房间方正度实测实量做法，如图 7-15 所示。

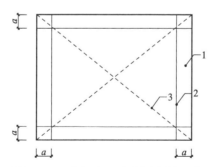

图 7-15　房间方正度实测实量示意
1—楼地面；2—长、宽方向净距实测；3—对角线方向净距实测
a=200～300mm

5.8.3　房间方正度净距差允许偏差实测实量实测值应符合下列要求：

1　墙面长、宽方向净距差允许偏差不宜大于 15mm。

2　墙面对角线方向净距差允许偏差不宜大于 20mm。

7 门窗工程

7.1 一般规定

7.1.1 门窗工程实测实量包括木门窗安装、铝合金门窗安装、塑料门窗安装等门窗框正、侧面垂直度、门扇与地面间留缝、门扇与侧框间留缝。

7.1.2 门窗安装前，应对门窗洞口的宽度、高度、对角线长度差和位置偏差等项目全数进行实测实量，并应符合现行国家标准的有关规定。

7.1.3 同一品种、类型和规格的门窗每个检验批每一樘门作为一个实测区，每个检验批应抽取不少于 10 樘门且不同户型。

7.2 门窗框正、侧面垂直度

7.2.1 门窗框正、侧面垂直度实测实量工具应选用 1m 垂直检测尺等。

7.2.2 门窗框正、侧面垂直度实测实量应符合下列要求：

1 同一品种、类型和规格的门窗，每一门窗框固定实测点不少于 2 个点，应同时包含正面、侧面门窗框；

2 用 1m 垂直检测尺测量门窗立框的正面、开口侧面垂直度。

【7.2.2 条文说明】门窗框正、侧面垂直度实测实量做法，如图 7-16 所示。

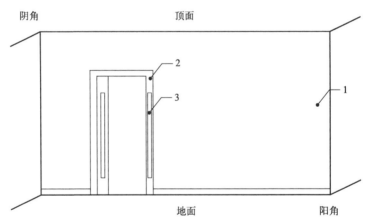

图 7-16　门窗框正、侧面垂直度实测实量示意

1—墙面；2—门框；3—1m 垂直检测尺

7.2.3 门窗框正、侧面垂直度允许偏差实测实量实测值应符合表 7.2.3 的规定。

表 7.2.3　门窗框正、侧面垂直度允许偏差

分项工程	木门窗	铝合金门窗	塑料门窗
允许偏差（mm）	2	2	3

7.3　门扇与地面间留缝

7.3.1　门扇与地面间留缝实测实量工具应选用楔形塞尺等。

7.3.2　门扇与地面间留缝实测实量应符合以下要求：

1　同一品种、类型和规格的每一门扇目测实测点不少于 1 个点；

2　关闭门扇，目测门扇与地面完成面之间最大缝隙处，用楔形塞尺实测。

【7.3.2 条文说明】无下框时门扇与地面间留缝实测实量做法，如图 7-17 所示。

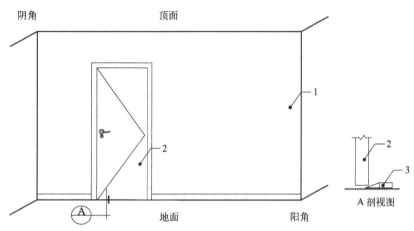

图 7-17　门扇与地面间留缝实测实量示意
1—墙面；2—门扇；3—楔形塞尺

7.3.3　无下框门扇与地面间留缝限值实测实量应符合表 7.3.3 的规定。当设计有特殊要求时，应符合设计要求。

表 7.3.3　无下框时门扇与地面间留缝限值

门窗工程	木门安装			钢门窗安装
	室外门	室内门	卫生间门	
留缝限值（mm）	4~7	4~8	4~8	4~8

7.4　门扇与侧框间留缝

7.4.1　门扇与侧框间留缝实测实量工具应选用楔形塞尺等。

7.4.2　门扇与侧框间留缝实测实量应符合下列要求：

1　同一品种、类型和规格的每一门扇固定实测点不宜少于 4 个点；

2　关闭门扇，用楔形塞尺量测距门扇上、下边 100mm 处扇与侧框之间的间隙。

【7.4.2 条文说明】门扇与侧框间留缝实测实量做法，如图 7-18 所示。

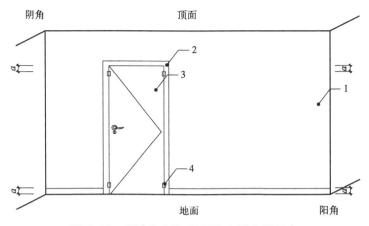

图 7-18　门扇与侧框间留缝实测实量示意

1—墙面；2—门框；3—门扇；4—楔形塞尺

8　细部工程

8.1　一般规定

8.1.1　细部工程实测实量包括固定橱柜安装工程、窗帘盒和窗台板安装工程、门窗套安装工程、护栏和扶手安装工程和花饰安装等的垂直度、水平度、直线度、扶手栏杆高度和间距。

8.1.2　每一同类制品作为一个实测区，10 个实测区为一个检验批且不应少于 5 间，不足 5 间时应全数实测实量。

【8.1.2 条文说明】由于细部工程存在不同的制品，因此要求，每一樘门扇和门窗框套均可以作为一个实测区，每个橱柜、窗帘盒、窗台板、台面、栏杆等均可以作为一个实测区。

8.2　垂直度

8.2.1　垂直度实测实量工具应选用 1m 垂直检测尺等。

8.2.2　垂直度实测实量应符合下列要求：

1　同类制品，每一实测区不宜少于 2 个实测点；

2　橱柜实测点应包含左右两端柜体；

3　门窗套实测点应包含正面和侧面门窗套；

4　护栏和扶手实测点应包含左右两端栏杆；

5　花饰实测点应包含左右两侧花饰饰面。

【8.2.2 条文说明】垂直度实测实量测量做法，如图 7-19 ~ 图 7-22 所示：

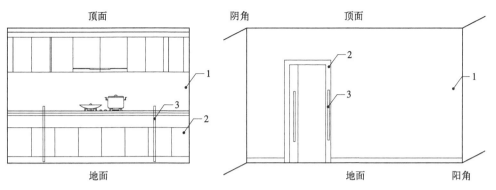

图 7-19　橱柜安装垂直度实测实量示意
1—墙面；2—橱柜；3—1m 垂直检测尺

图 7-20　门套安装垂直度实测实量示意
1—墙面；2—门套；3—1m 垂直检测尺

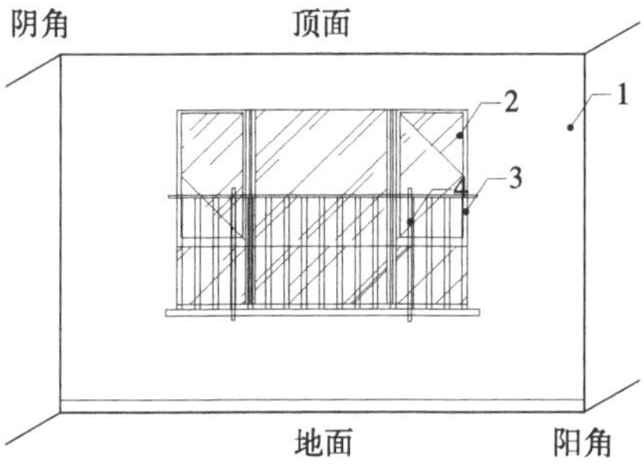

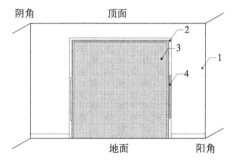

图 7-21　护栏和扶手安装垂直度实测实量示意
1—墙面；2—窗；3—护栏；4—1m 垂直检测尺

图 7-22　花饰安装垂直度实测实量示意
1—墙面；2—花饰；3—背景墙；4—1m 垂直检测尺

8.3　水平度

8.3.1　水平度实测实量工具应选用 1m 水平检测尺和楔形塞尺。

8.3.2　水平度实测实量应符合下列要求：

1　同类制品，每一实测区目测实测点不宜少于 1 个点；

2　在橱柜安装完成台面、窗台板安装完成面、门窗套安装完成上口平面，用水平检测尺紧靠饰面，将楔形塞尺插入目测缝隙最大处实测。

【8.3.2 条文说明】水平度实测实量测量做法，如图 7-23 ~ 图 7-25 所示。

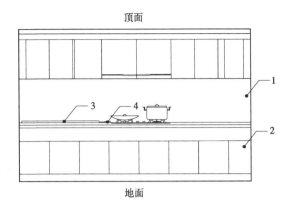

图 7-23　橱柜安装台面水平度实测实量示意

1—墙面；2—橱柜；3—1m 水平检测尺；4—楔形塞尺

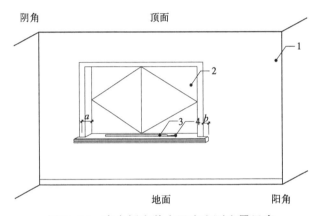

图 7-24　窗台板安装水平度实测实量示意

1—墙面；2—窗洞口；3—1m 水平检测尺；4—楔形塞尺
a—窗台板两端距窗洞口长度；b—窗台板两端出墙厚度

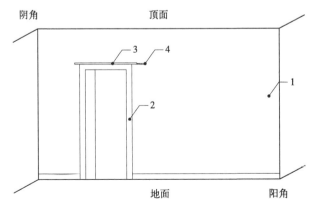

图 7-25　门套安装上口水平度实测实量示意

1—墙面；2—门套；3—1m 水平检测尺；4—楔形塞尺

8.3.3　水平度允许偏差实测实量应符合表 8.3.3 的规定。

表 8.3.3　水平度允许偏差

细部工程	橱柜安装台面水平度	窗帘盒和窗台板安装			门套安装上口水平度
		窗台板水平度	窗台板两端出墙长度差	窗台板出墙厚度差	
允许偏差（mm）	2	2	2	3	3

8.4　直线度

8.4.1　直线度实测实量应选用钢直尺和线径不大于 1mm 的 5m 线或激光水平仪。

8.4.2　直线度实测实量应符合下列要求：

1　同类制品，每一实测区不宜少于 3 个实测点；

2　使用激光水平仪放出基准线或拉 5m 线，用钢直尺在两端部和中部选取不少于 3 个实测点，3 个实测值之间的极差作为 1 个实测值计算点；

3　实测橱柜门与框架平行度时，需要关闭橱柜门后测量。

【8.4.2 条文说明】直线度实测实量测量做法，如图 7-26、图 7-27 所示。

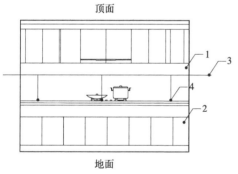

图 7-26　橱柜安装直线度实测实量示意
1—墙面；2—橱柜；3—基准线；4—实测点

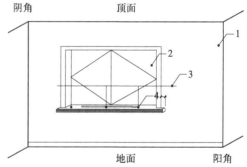

图 7-27　窗台板安装直线度实测实量示意
1—墙面；2—窗台板；3—基准线；4—实测点

第8章 家装工地现场管理手册

家装工地现场管理手册（封面）

甲　　方：＿＿＿＿＿＿＿＿

工程地址：＿＿＿＿＿＿＿＿

设 计 师：＿＿＿＿＿＿＿＿

质检人员：＿＿＿＿＿＿＿＿

项目经理：＿＿＿＿＿＿＿＿

　　　　　填表日期：

8.1 告知甲方书

尊敬的客户（甲方）：

首先非常感谢您对本公司的信任，我们将竭尽全力为您服务。同时，为保证您的合法权益，更为了保障工程圆满完成，请在施工过程中，注意以下事项，并积极配合：

一、《家装工地现场管理手册》是可以作为合同附件之一，它包含了施工过程中各材料到场确认、各项工程验收结果，是您维护自身权益和工程质量的有力保障，请您认真对待手册中各个项目。

1. 有关责任人将根据您的需要提前通知您参加相关验收，请您抽出宝贵的时间来参加，并在相关的记录上签字确认。

2. 当您因其他原因无法按时参加相关验收时，请您指定代理人验收。如未指定代理人或未亲自验收，在您接到通知 24 小时后，视同业主默认验收，相关责任人有权组织相关验收，并在相关的记录上签字确认。

二、为了保证您的资金安全，施工过程中各项主材 / 工程增加费用、尾款的结算请您亲自到本公司装饰公司财务办理，每一笔支付的款项，您都有权索取公司合法凭证，同时也需您妥善保管好这些凭证。特别申明：若您将您的钱款交给任何非公司指定收款人员，且无公司合法票据，公司将不承担任何责任。若因您在外地，也请您签订委托书，委托相关人员为您代办各类款项。

为了保证您家装修工程的施工进度，请您按时交纳各项款项（各项主材 / 工程增加费用、尾款）。如因您未及时交纳款项，造成的工程延误，本公司不承担任何责任。

三、工程完工后，请您务必亲自与公司办理工程结算，结算完成后，凭尾款支付凭证办理"保修卡"，我们将详细告知您保修内容。"保修卡"涉及贵府最高长达五年的售后维修服务，且公司规定实行"一房一卡，凭卡保修"的原则。

四、任何人的口头承诺均属于无效行为，与本公司装饰公司无关。为了保障客户您的自身权益，请务必索取承诺的书面凭据。

客服电话：

祝我们合作愉快，成为永远的朋友。

我已知晓所有告知内容，并愿意积极配合，保护自身合法权益！

甲方签字确认：　　　　　　　质检员：

日　　期：

8.2　装修管理系列表

验房记录表　　　　　　　　　　　　　　　表 8-1

序号	甲方：		工程地址：	日期：__年__月__日	
一	原房屋设备			有无损坏：□有　□无	解决方案
1	□可视对讲机	□燃气设备（煤气表）	损坏明细		
2	□灯具	□洁具			
3	□暖气设施	□空调设备			
4	其他物品：				
二	原房屋水电			有无损坏：□有　□无	
5	水、电表是否存在空转现象		损坏明细		
6	配电箱及空开、漏保装置是否到位且有效				
7	插座接线是否正确				
8	弱电系统是否已入户				
9	给水入户情况，接驳处有无渗水，出水口（如水龙头、角阀等）出水情况是否正常				
10	排水是否通畅、给水有无渗漏				
三	原始房墙、顶、地面、梁、柱			有无损坏：□有　□无	
11	墙、地、顶面是否有空鼓开裂		损坏明细		
12	墙、地、顶、梁、柱、平整度、垂直度是否存在偏差				
13	各界面阴阳角垂直度是否存在偏差				
14	外墙、顶面有无渗水痕迹				
四	原始房门窗			有无损坏：□有　□无	
15	入户门		损坏明细		
16	落地推拉门				
17	窗户				

注：交底时发现原房屋有质量问题，须做变更处理，客户签字确认后，方可施工。

项目经理：　　　设计师：　　　甲方：

日期：　年　月　日

客户个性特殊要求记录 表 8-2

特殊要求详细内容	
合同条款方面	
设计内容方面	
主辅材料方面	
安装工艺方面	
家具定制方面	
工程服务方面	
其他要求	
其他说明	所签的装修合同，任何人不得增减内容或涂改。客户有特殊要求时，在不违反合同内容及国家相关政策的前提下，详细填入表格，并由当事人签字，最后同客户审核签字确认。设计师在设计交底前首先向工程部或项目经理交代清楚，客户在施工中若有新特殊要求，双方协商确定
质检人员：	

客户		项目经理	
备注	有些个性需求与费用或国家装修管理规定有关，不一定全部能达到业主的想法，业主应予以理解和认可		

现场图纸、开工手续表 表 8-3

客　户		工程地址	

一、图纸情况

1.图纸数量：＿＿＿＿张　□ 图纸齐全　　□图纸不齐全　　□无图纸

缺图内容：＿＿＿＿＿＿＿＿＿＿＿＿＿＿＿＿＿＿＿＿＿＿＿＿＿＿

2.图纸尺寸标注：　　□ 齐全　　　□ 不齐全　　□ 无

3.设计图纸与现场情况：□ 相符　　□ 不符

洽商内容：＿＿＿＿＿＿＿＿＿＿＿＿＿＿＿＿＿＿＿＿＿＿＿＿＿＿

4.设计图纸与交底情况是否相符：□ 相符　　□ 不符

5.图纸有无客户签字：　　□ 有　　　□ 无

6.是否具备开工条件：　　□ 是　　　□ 否　　　□ 有争议

缺少开工的条件有：＿＿＿＿＿＿＿＿＿＿＿＿＿＿＿＿＿＿＿＿＿

二、报价

个性化内容：　　　　　□ 有项　　□ 无项

三、开工手续

1.装修工程许可证　　□ 已办　　□ 未办　　□ 需要办

2.电梯使用许可证　　□ 已办　　□ 未办　　□ 需要办

3.施工许可证　　　　□ 已办　　□ 未办　　□ 需要办

项目经理：　　　设计师：　　　甲方：

日期：　年　月　日

施工前现场原状况交接单　　　　　　　　　　　　表 8-4

填表日期：　　年　　月　　日

装修地址	现场情况无问题请写"正常"
进门防盗门现状、猫眼	
门窗及玻璃有无破损，开启推拉是否灵活	
厨房排水及地漏是否畅通	
主卫、次卫、排水及地漏是否畅通	
阳台排水及地漏是否畅通	
强电箱电源、通电是否正常	
中央空调及取暖设施	
家用电器及原有家具	
进户水管、水表、煤气表等情况	
墙面及顶面是否有基层开裂空鼓现象	
地面、横梁及墙面是否有明显的不直、不平整现象	
弱电箱原有电视线、网络线、电话线入户，防盗系统等是否到位，并用文字说明在何位置	

质检人员签字：　　　客户签字：　　　项目经理签字：

注明：交接完后立即进行原状保护，工程竣工验收时，对照原状交接单检查，若出现损害客户财产情况必须照价赔偿。

原状交接签字确认记录

水表		
水管阀门		
龙头		
入户门钥匙		
水电充值卡		
门禁系统钥匙		

注明：交接完后立即进行原状保护，工程竣工验收时，对照原状交接单检查，若出现损害客户财产情况必须照价赔偿。

原状况交接签字确认记录

客户		特殊说明	
项目经理		特殊说明	
工程监理		特殊说明	

现场设计施工交底单 表 8-5

填表日期： 年 月 日

开竣工日期	年 月 日开工至 年 月 日竣工	
交底内容		其他
1.需要拆除的项目（窗、墙、门）	交底完成 □	
2.平面布置图	交底完成 □	
3.给水、排水管道布置	交底完成 □	
4.洁具及洗脸盆安装位置	交底完成 □	
5.电路布置及开关插座位置	交底完成 □	
6.底盒位置、专用线布置及灯具位置	交底完成 □	
7.橱柜电路插座布置	交底完成 □	
8.吊顶布置图	交底完成 □	
9.门窗施工尺寸图	交底完成 □	
10.家具尺寸摆放图	交底完成 □	
11.水暖、地暖、暖通厂家现场对接	交底完成 □	
12.中央空调电源、出风口厂家现场对接	交底完成 □	
13.特殊材质施工工艺对接：石材、旋转楼梯等	交底完成 □	
14.门禁系统定位	交底完成 □	
15.电脑网络系统定位	交底完成 □	
16.程控电话系统定位	交底完成 □	
17.多媒体影音系统定位	交底完成 □	
18.公共背景音乐系统定位	交底完成 □	
19.监控防盗系统定位	交底完成 □	
20.抽油烟机定位、墙排管道定位	交底完成 □	
21.洗菜盆定位及电源位置	交底完成 □	
22.煤气或液化气灶定位	交底完成 □	
23.所有排风口定位，包括排烟管道	交底完成 □	
24.淋浴房定位，包括给水管、排水管和电路	交底完成 □	
25.浴缸定位，包括水龙头、花洒和排水管	交底完成 □	
26.洗脸盆定位，包括给水软管、龙头和排水管	交底完成 □	
27.坐便器定位，包括固定方式，给水软管和排水	交底完成 □	
28.蹲便器定位，冲水阀和排水是否增存水弯	交底完成 □	
29.地漏必须在地砖坡度最低点	交底完成 □	
30.热水器定位，包括固定和冷热给水管	交底完成 □	

开竣工日期	年 月 日开工至 年 月 日竣工	
交底内容		其他
31. 卫生间浴霸定位	交底完成 □	
32. 灯具定位	交底完成 □	
33. 空调定位及空调与外机连接管道的处理（机械打眼定位）	交底完成 □	
34. 冷热饮水机定位	交底完成 □	
项目经理意见：可开工 □ 不可开工 □		
工程监理意见：可开工 □ 不可开工 □		

情况说明：

注明：业主与设计师均不在现场进行设计交底，进行的设计交底均无效，装修队伍禁止进场施工，禁止材料到现场。若项目经理认为条件不具备，不能开工，必须在24小时内进行处理，并上报设计部、工程部。并保证顺利开工

现场：业主、设计师、项目经理进行交底确认无误签字确认

客户		设计师	
项目经理		质检人员	

现场规范检查记录表　　　　表 8-6

	检查项目及要求	进场时检查	施工检查 1	施工检查 2
		检查结果	检查结果	检查结果
1	文明施工工地一览表	合格 □ 不合格 □	合格 □ 不合格 □	合格 □ 不合格 □
2	"施工扰邻"标识是否到位	合格 □ 不合格 □	合格 □ 不合格 □	合格 □ 不合格 □
3	"禁止吸烟"标识是否到位	合格 □ 不合格 □	合格 □ 不合格 □	合格 □ 不合格 □
4	门贴保护张贴到位	合格 □ 不合格 □	合格 □ 不合格 □	合格 □ 不合格 □
5	"出门断水电"标识是否到位	合格 □ 不合格 □	合格 □ 不合格 □	合格 □ 不合格 □
6	"开工大吉"标识是否到位	合格 □ 不合格 □	合格 □ 不合格 □	合格 □ 不合格 □
7	进场弹 1.2 ~ 1.4m 水平线	合格 □ 不合格 □	合格 □ 不合格 □	
8	家具、电器、弱电、洁具、开关插座、水电、可视电话定位	合格 □ 不合格 □		
9	施工工具堆放到位	合格 □ 不合格 □	合格 □ 不合格 □	
10	操作施工是否合理并符合安全要求	合格 □ 不合格 □	合格 □ 不合格 □	
11	水泥码放点的位置到位，标识是否到位；河砂放点是否与水泥码放点分开	合格 □ 不合格 □	合格 □ 不合格 □	合格 □ 不合格 □

续表

检查项目及要求		进场时检查	施工检查 1	施工检查 2
		检查结果	检查结果	检查结果
12	板材木方码放点是否到位并一致	合格 □ 不合格 □	合格 □ 不合格 □	合格 □ 不合格 □
13	材料区、垃圾区堆放是否符合要求	合格 □ 不合格 □	合格 □ 不合格 □	
14	墙砖地砖码放是否符合要求	合格 □ 不合格 □	合格 □ 不合格 □	
15	油漆辅料码放是否符合要求		合格 □ 不合格 □	合格 □ 不合格 □
16	水电材料码放是否符合要求	合格 □ 不合格 □	合格 □ 不合格 □	
17	阴阳角线标识是否符合要求	合格 □ 不合格 □	合格 □ 不合格 □	合格 □ 不合格 □
18	门把手以及五金件是否保护到位	合格 □ 不合格 □	合格 □ 不合格 □	合格 □ 不合格 □
19	地面墙面卫生是否及时清理	合格 □ 不合格 □	合格 □ 不合格 □	合格 □ 不合格 □
20	成品安装完成后是否做好保护		合格 □ 不合格 □	合格 □ 不合格 □
21	卫生间厨房墙面砖铺贴完成后是否按照要求粘贴水电管线标识		合格 □ 不合格 □	合格 □ 不合格 □
22	地砖铺贴完毕后是否用保护膜做好保护		合格 □ 不合格 □	合格 □ 不合格 □
23	窗贴是否已经保护到位	合格 □ 不合格 □	合格 □ 不合格 □	合格 □ 不合格 □
24	施工工人是否着工作服施工	合格 □ 不合格 □	合格 □ 不合格 □	合格 □ 不合格 □

注明：进场时监理对工作全面检查一次，对未做到位的工作必须立即或限期补齐，监理应签字确认。施工过程中监理进行质量检查时基础工作是必须检查内容，工地卫生平时以项目经理自检为主

现场规范检查记录

进场检查时间	项目经理	
施工中检查时间 1	工程监理	
施工中检查时间 2	工程监理	

工地施工时间计划表 表 8-7

工地名称：　　　质检员：　　　项目经理：　　　合同号：

序号	施工工序	工作内容	计划时间	下单内容
1	开工仪式	图纸交底、原房检测、水电布局定位	开工当天	橱柜电路图纸
2	拆除	墙体拆除，铲墙皮（老房子拆除顺延）	第 2 ~ 3 天内	水电材料
3	工地形象	门窗保护	第 4 天内	砂子、水泥、红砖
4	水电改造	开槽、布线、布管	第 3 ~ 10 天内	墙、地砖
5	水电验收	预约打压、水路电路验收	第 11 ~ 12 天内	砂子、水泥
6	瓦工施工	瓷砖进场验收、砌墙铺砖等	第 13 ~ 28 天内	防水工程
7	隐蔽工程验收	卫生间防水工程	第 13 ~ 28 天内	木工材料

续表

序号	施工工序	工作内容	计划时间	下单内容
8	木工施工	天花吊顶、背景墙造型等	第29～35天内	橱柜、定制柜、门及门套复尺；家具确定：中期验收完。所有主材下单
9	中期验收	对木工、瓦工工程进行验收	第36～37天内 第40天内	
10	窗台石安装	窗台石定制安装		
11	油漆施工	基层处理批腻子粉	第40～55天内	热水器、
12	成品安装	集成吊顶、淋浴隔断、洁具、木门	第56～85天内	通知安装集成吊顶淋浴隔断洁具、灯具木门及门套橱柜、衣柜、地板、窗帘等
13	开荒保洁	对现场垃圾的处理以及室内卫生处理		
14	工程监理、项目经理自检	对基础装修工程以及所有主材的安装细节问题进行检查（提出整改项目、限期整改）		
15	修复工作	对遗留的问题及时整改到位		
16	竣工验收	业主、监理、项目经理参与竣工验收		
17	钥匙交付	办理交付仪式：移交钥匙	第90天内	
18	家具家电配送	竣工结束、安排厂家配送家具家电	第90天外	

注：1. 本计划必须在开工前制定完毕由项目经理制定工期计划；

2. 工期延误每天罚款参照合同条款（由项目经理执行，项目经理若找不到拖延相关责任人的由项目经理自行承担），因业主原因造成的工期延误必须有业主签字认可的书面同意延期的变更单。

项目经理（工地责任人）： 质检人员审核： 日期：

施工工艺抽验检查表   表8-8

填表日期： 年 月 日

需进行检查的项目明细		验收合格	备注
泥工施工项目	1. 水泥品牌是否符合要求	合格 □ 不合格 □	
	2. 铺地砖前检查砖的品牌、规格、型号及颜色	合格 □ 不合格 □	
	3. 地面采用半干铺法施工工艺	合格 □ 不合格 □	
	4. 铺地砖前进行放线和排砖	合格 □ 不合格 □	
	5. 非整砖排放在次要部位或角落	合格 □ 不合格 □	
	6. 勾缝密实，线条均匀顺直，四角平整，表面洁净	合格 □ 不合格 □	
	7. 厨卫地砖留的坡度达标，方向正确（向地漏处）	合格 □ 不合格 □	
	8. 无明显色差，纹理顺畅，无空鼓现象（含局部空鼓）	合格 □ 不合格 □	
	9. 地砖贴完是否做保护处理	合格 □ 不合格 □	
木工施工项目	1. 所有木工辅材料是否符合清单品牌	合格 □ 不合格 □	
	2. 天花吊顶前是否打好水平线	合格 □ 不合格 □	
	3. 天花吊顶框架是否用轻钢龙骨	合格 □ 不合格 □	

续表

需进行检查的项目明细	验收合格	备注
4. 石膏板转角处是否7字形整板切割转角	合格 □ 不合格 □	
5. 石膏板接缝处是否导V字形缝	合格 □ 不合格 □	
6. 灯槽是否用轻钢龙骨直接飘出8~10cm	合格 □ 不合格 □	
7. 天花吊顶石膏板是否用侧面压底部	合格 □ 不合格 □	
8. 石膏板吊顶接缝处是否有毛边	合格 □ 不合格 □	
9. 石膏板吊顶是否用自攻黑螺钉固定	合格 □ 不合格 □	
10. 石膏板背景造型墙是否按图纸施工	合格 □ 不合格 □	
11. 石膏板梁是否用木工板制作	合格 □ 不合格 □	
12. 软、硬包是否用9mm板打底	合格 □ 不合格 □	
13. 银镜、茶镜是否用9mm板打底	合格 □ 不合格 □	

（左侧合并单元格：木工施工项目）

注明：本次工艺检查主要针对中期验收：瓦工项目，木工项目，工艺检查中不合格的项目必须立即安排整改完善。

施工工艺签字确认

客户		特殊说明	
项目经理		特殊说明	
工程监理		特殊说明	

施工工期延期变更单　　表8-9

甲方		工程地址	

尊敬的客户（甲方），您好！

首先感谢您对我们的信任，选择"本公司"为您服务。

您委托我公司为您位于 _____ 地址的家装项目工程施工，由于

_____原因，需要顺延_____天，即工程竣工日期由原来的_____年_____月_____日顺延至_____年_____月_____日。

项目经理		日期	
甲方		日期	

工程竣工验收单　　　　　　　　表 8-10

甲方		合同金额	
项目地址			
设计师		项目经理	
开工日期		竣工日期	
竣工验收	基础施工部分：□ 合格　□ 不合格　□ 需整改 产品安装部分：□ 合格　□ 不合格　□ 需整改		
	验收意见与结论		

项目经理：＿＿＿＿＿＿　工程质检：＿＿＿＿＿＿　甲方：＿＿＿＿＿＿

日期：＿＿＿ 年 ＿＿＿ 月 ＿＿＿ 日

8.3　家装工地现场管理手册使用说明

住宅装饰装修工程采用二大类表单。第一类管理性质表单；第二类质量验收表单。第一类表单主要作用是管理、衔接、职责界定等。第二类是施工质量检查把关，给出结果。突出质量专业性，多由装饰公司、监理公司采用。

随着互联网 IT 技术的不断发展，在装饰装修领域已开始逐步使用电子版工程检查、质量验收表单。尤其是北京、上海、广州、深圳、杭州、成都、南京、重庆、天津等超大城市。但在广大二线、三线、四线城市，装饰公司还在大量采用普通的工程检查、验收表单。所以，编者将常规家装所用现场管理表单列出，供参与家庭装修的人员参照借鉴使用。

质量检查验收表单，在中国建筑工业出版社出版的《住宅装饰装修一本通》（2019 版）第四篇施工验收中已有详细阐述，见以下 1～10 以及附录 A～F。在此不作赘述。

1. 装饰工程开工交底单
2. 水电基础工程巡查单
3. 水电工程施工巡检单
4. 电气工程施工验收单
5. 给水排水工程施工验收单
6. 防水工程施工验收单
7. 瓦木工程施工巡检单
8. 瓦木工程施工验收单
9. 涂饰工程施工巡检单
10. 涂饰工程施工验收单

附录 A　文明施工巡查记录

187